你的梦想就是最棒的存钱筒

富朋友理财笔记站长
艾尔文 著

長江出版傳媒
湖北科学技术出版社

图书在版编目（CIP）数据

你的梦想就是最棒的存钱筒 / 艾尔文著. — 武汉：
湖北科学技术出版社, 2017.11
ISBN 978-7-5352-9644-3

Ⅰ. ①你… Ⅱ. ①艾… Ⅲ. ①财务管理–通俗读物
Ⅳ. ①TS976.15-49

中国版本图书馆CIP数据核字(2017)第215635号

著作权合同登记号　图字：17-2017-309

责任编辑：李　佳　　封面设计：烟　雨

出版发行：湖北科学技术出版社　　电　话：027-87679468
地　址：武汉市雄楚大街268号　　邮　编：430070
（湖北出版文化城B座13-14层）
网　址：http://www.hbstp.com.cn

印　刷：北京大运河印刷有限责任公司　　邮　编：101111

880×1230　1/32　　8.5印张　　200千字
2017年11月第1版　　2017年11月第1次印刷
定　价：39.00元

本书如有印装问题可找本社市场部更换

〈前言〉

越存钱，越能勇敢筑梦

虽然这辈子我们不可能实现所有梦想，但真正可惜的是，原本可以实现的梦想却没能实现。

心理学家路易斯·特曼在20世纪20年代发起一项实验，找了一群智商高于平均值的小孩，追踪他们的生活直到过世为止。结果显示，这群人在学业表现、重视健康的程度，以及杜绝坏习惯的比例，都比平均值高。

然而，纵使追踪对象中有很多人相当成功，研究人员经过分析后仍然发现，他们在临终前的多数遗憾，不是"后悔做了某些事"，而是"有些事想做却没有去做"。此追踪成果也得出这个醒世结论：

短时间内，人们会因为做了不该做的事情而后悔，但长期而言，真正令人后悔的是心中觉得能做，却没有去做的事。

存钱，你的梦想在等你

我曾通过许多不同的方式，帮助别人改善了财务状况。因此我很确定一件事：**这辈子只要努力存钱，很多人生的梦想都能实现**。

如果只是片面地理解我所说的话，有些人会觉得根本不可能，甚至会认为在这个世代，钱本来就很难存，而且存款利率又那么低，光靠存钱怎么可能实现梦想？

但我有信心，当你按照书中的步骤调整存钱的心态与方法，也能从现有的收入中存下更多的钱，然后发现你与梦想的距离将不再遥远，而且明确地知道你的梦想什么时候能够实现。

接着你就会感受到，人生已经开始改变。

这些都不是我自己想出来的，而是我的亲身体验，以及从许多人身上得到的真实反馈：**通过存钱可以改变人生，然后实现自己的梦想**。

不过话说回来，钱为什么会那么难存？

刚开始时，我也觉得存钱的速度好慢，不过那时我还只是学生，所以并不担心，觉得只要等到进入社会、开始上班领薪水，存钱的速度就会加快。事实上让我感到意外的是，当我正式踏入职场时，发现上班后的存钱世界跟我想的不一样。

起初我的存款确实因为收入变多而增加，但我的花费也不知不觉跟着上升。这种现象我也在其他同事、朋友中明显地观察到，有些人的工作年薪甚至比我多好几倍，却还是经常大叹："钱难赚，更难存！"

当时，我还没意识到这个存钱道理：**除非你开始管理金钱，否则赚再多钱也不够用**。

老实说，在存钱的过程中，大部分时间是枯燥乏味的，有时还会因为受约束而感到不快乐，看着眼前想买的东西却不能买，只能用忍耐的方式让自己离开现场。然而，如何扭转这些想法正是决定一个人能否存下更多钱的关键，如果你撑得过去，或是可以转化成更积极的想法，就会发现这些一时想花钱的念头，跟你的梦想比起来一点也不算什么。

存钱，最大的敌人往往是自己。因为追求享乐是人的天性，这世界又到处充满诱人的东西，让人不断掏钱、不断想拥有更多物品。只不过你也要知道，因为一时的冲动而把钱花在不值得的地方，只是在帮别人实现梦想，而不是自己。

坚持存钱，实现想要的人生

关于实现梦想，还有一个很重要的因素，是我从准备研究生考试的经验中得到的，也一直给我的人生带来很大的帮助。

准备升大四那年，我决定要报考研究生，但我心中确定：除非考进理想中的学校，否则我就要直接去服兵役。

为了不让自己后悔，我在心中跟自己喊话：决定我这次考试成功与否的标准，不在于最终考取什么学校，而是在这个过程中我有没有拼尽全力。从那天起，我每天早上坚持6 : 30起床，提早到图书馆等开门；每天坐在同一个座位，读着一遍又一遍的教科书，练习一道又一道的模拟试题；晚上不到最后一刻不离开图书馆，睡前再花1小时复习当天的笔记，隔天一早又重复同样的学习过程。

那一年，每天的日子变化不大，但因为我全心投入准备研究生考试，所以反倒感觉那段日子非常充实。

有人说，充实的日子会让时间飞快流逝，我那一年准备考试的经验正是如此。转眼间就到了隔年考试的季节，我一口气报考近10所学校，有几所学校是作为考试临场感的模拟，其他学校才是我的目标。就这样过了一个多月北中南来往考场的日子。某一晚我为了隔天早起去考场，回到住处洗澡，想着今晚早点睡，只是澡洗到一半，手机铃声却响了起来。担心是重要的事，我赶紧按下通话键。

“你在干吗？”

原来是我同学打来的。过去一年在图书馆读书时，他经常坐在我后方的位子。

“在洗澡呀，待会要睡了，明天不是一大早要去考场吗？”

“洗澡？都什么时候了还在洗澡！”

我心想差不多晚上 10:00，洗澡不是很正常吗？

“赶快上网吧，你想读的学校放榜了！”

照理说，研究生院校不会选在晚上的时间公布榜单，我以为同学只是在跟我开玩笑，但电话中他的口气相当坚定，我的心中也产生了期待。

我先是冲出浴室按下电脑开关，然后再回头拿毛巾擦干身体，等到电脑显示系统桌面后随即上网浏览学校网页。点进榜单网页，找到我报考的系，把鼠标箭头从第一个录取的名字开始往下移，期待我的名字是其中之一。

找到了，而且是名额较少的正式录取资格。

那一秒，我呆住了，感受到心跳开始加快，身体里有一股能量不断涌现出来，眼睛甚至有些湿润；我的双手不自觉地颤抖，身体下意识地从椅子上移开，然后一个人在房间里不断跳跃、握拳、振臂。

“我做到了！我竟然做到了！”

那时我第一次体悟到，**原来当人真心想实现一个梦想时，就一定会找到方法去实现，**而且成功后的兴奋感竟然会带来如此大的信心。直到现在我在脑中播放这段回忆时，身体都在发热，内心仍会忍不住澎湃起来，甚至打字的双手都有点微微发抖。

回想那一年多来，每天就是读书，拒绝任何会让自己分心的娱乐，坚守着该有的学习进度，吃着同样的三餐，过着每天跟时钟一样的固定生活。老实说，当时的我从来没有预设自己要考得多好，但就是坚持做着同样的事，坚持照计划准备考试。也因为一年来投入全部的心力，我越来越渴望实现考上理想学校的梦想，因此在得知录取的那晚，我忍不住大叫起来，一个永远无法取代的美好回忆，也因此烙印在我的人生中。

坚持，坚持下去，让我在当时实现了重要的梦想。而这样坚持的经验，也在我后来努力存钱时不断得到验证，由此获得更美好的人生。

因为坚持存钱，我在踏入社会之前，就拥有旅游经费，可以开心地游玩；因为努力存钱，我可以在出现健康危机时，放下工作在家安心休养身体；因为提早存钱，我才可以在不到30岁时，就靠着投资收入离开职场，实现自己想过的生活。

说了那么多，我想告诉你：**梦想这件事，是可以靠存钱实现的**。

不论你现在心中有什么样的梦想，不论那个梦想距离你有多远，不论实现梦想的困难度有多高，只要依照本书中的方法去存钱，依照步骤去设定目标，并且坚持下去，你就有能力实现更多梦想。

不论现在有多少钱，都有能力实现梦想

进入2017年，我的理财时间已经走过20年，从过往经验中得到最大的体会是：**一个人是否存到钱，能不能实现心中的梦想，跟现在手上有多少钱没关系**。

我知道，你可能会惊讶，心中产生疑问，甚至就要把这本书放下了，因为一般人会心想：“存钱，手中没有钱怎么存？”某些人可能还会认为：“就是钱不够的关系呀！有钱

的话，还需要辛苦省吃俭用，每天拼命赚钱吗？”

确实，若以结果来说，要实现梦想需要有一笔钱；最终能变成多富有，与你现在拥有多少钱也有关系。但如果这个世界真的是“现在越有钱，之后越富有”，是不是只要兼任好几份工作的人，或是工作收入越高，将来就越有钱？当然不是！如果是的话，就不会有那么多人到了退休年龄仍需要为生活费烦恼；就不会有那么多高收入的人身上背着沉重的债务；就不会有那么多人明明有能力为自己打造快乐人生，最终却还是过着自己不满意的生活。

反之，我除了从自己身上验证，也在生活中遇到过好几个真实例子，即使他们的收入跟大部分人差不多，有些人的收入甚至比整体平均值低，却一次又一次实现自己的财务目标，或是提前过着令人称羡的梦想生活。这些人的财富是完全靠自己双手积累起来的，并不是因为赚到幸运财而一夜致富。他们都是平时努力工作，通过薪资收入一步一步实现梦想的人。

仔细观察，成功的财务管理一定有许多的共通点，而且不需要高收入也能累积出想要的财富，其中的主要因素，都不是“有钱人”的专属。

也就是说，这本书里所写的实践方法，以及通过存钱实现梦想的方式，套用在你身上一定也适用。更棒的是，你也会因此在生活中得到更多的快乐，不用花更多的钱就能获得更大的满足感；你会存下比以往还多的钱，而且过得比以前还开心。

也许到现在你还是有些疑惑，因为以往你对存钱的认知并不是如此。不过没关系，只要你开始读这本书，就会有同样的信心通过存钱实现梦想。

不需要烦恼你现在的收入是多少，不用去管你会遇到什么样的困难，不用再担心你的梦想是否难以实现，只要你开始学习书中的存钱观念，照着财务优化的六个步骤去走，就会突破不曾发现的盲点，原本看似困难的事也会变得越来越简单。当你读完书后，心中也会产生更大的执行力去实现梦想，拥有更多的动力向前迈进。

如此一来，你将体验到，为了梦想而存钱，原来可以激发自己那么大的潜力。

每个人的梦想，都是自己最棒的存钱筒。因为有梦想，你会更努力从有限收入中存下更多的钱；因为有梦想，你会充满勇气克服阻挡你存钱的坏习惯；因为有梦想，你将通过存钱扩展更多元的人生，找到更多的生活目标。

现在就是你重新找回梦想的时候，这本书不仅告诉你如何有效率地存钱，更告诉你如何有计划地实现梦想，将你的银行存折变成专属于自己的**“梦想存钱筒”**。

我衷心期望你也进入为梦想而存钱的世界，让自己快乐地存到更多的钱，找到更多生活与工作的目标，展开全新的生活，勇敢活出自己期待的梦想人生。

目录

第五章

梦想——让人生变更好的动力

第一章

舍去——你该拿掉的金钱观

存钱，可以改变人生

也许你从没发现，存钱并不是存下金钱而已。这是我自己从过往经验中认真看待存钱后的体会，以及从读者朋友身上观察到的情形。通过存钱，有些人从月光族、卡债族，转变成一个每月存款多达数千元的存钱族；有些人终于找到拼命赚钱的目标；有些人更是通过财务规划，重新找回自己一直渴望实现的梦想。从这些经验当中，我领悟到一件事：存钱，真的可以改变人生，而且不光是财富上的成长改变，就连生活的许多层面也都会一起变好，这时候一个人对工作及生活的态度也会更加积极。

“开始存钱后，我在工作与生活上更有动力。”

“我现在更期待发薪水的日子，因为我想赶快存到梦想账户里！”

“很奇妙，实行存钱计划一阵子后，我最近开始运动了。”

“生活作息不知不觉变得比较有规律。”

“这是我们婚后第一次感受到要为未来共同努力。”

“现在钱花得比以前少，生活却比以往更满足。”

“朋友都说我在金钱观上完全变了个人。”

“以前是别人跟我说要存钱，现在是我到处劝别人要多存钱。”

起初我也很惊讶，但后来了解到，这几乎是肯定会发生的事，只要你下定决心开始存钱，付出该有的行动，有计划地把钱存下来，存钱的习惯就会改变你的人生。

也许有些人还是感到疑惑，就跟我刚开始也没那么有把握一样，但确实有专家做过研究并证实，**光是关心自己的财务，就足以改变生活**。

有两位学者曾在 2004 年设计了一项实验，他们找来一群人自愿参加 4 个月的金钱管理计划，研究人员发给参加者一本册子，要求他们记录每一天的用钱情况，并且尝试存下更多钱。也就是说，这段时间他们必须减少花费，并且详细地记录消费，再回报进度给研究人员。虽然记账与克制花钱欲望让人觉得无趣，但参加者也渐渐发现他们的财务正在改善。计划结束时，这些人成功存下更多的钱，在并未增加更多收入的情况下，个人存钱比例平均提高了 3 倍之多。

然而，真正令研究人员惊喜的是，随着这项计划接近尾声，参加者陆续反映他们的生活习惯变得倾向于追求健康。有些人的抽烟次数、喝酒的量减少了，连需要咖啡提神的人也说喝的杯数减少了。最终统计，平均每人每天少喝两杯咖啡、两杯啤酒，吸烟的人则少抽 15 根烟。这些参加者吃得更健康，自我情绪管理更成功，住的地方也变得更整齐、干净。

听起来真是不可思议！不过，只要你开始存钱，也会感受到自己的转变。至于为什么会有那么大的变化，光是存钱就已经让未来有更棒的可能，为何连想法、生活方式，甚至是对人生的满足感都变得不一样？

原因在稍后会有更详细的说明，但如果现在要我用一句话来回答，那就是：**当你存钱时，你不只是存下金钱，更是存下未来的梦想**。

系统化存钱法，缩短你与梦想的距离

每个人身上的金钱都是有限的，所以更应该学习把钱花在正确的地方，用心分辨哪些事情不值得用梦想来交换。一个人越是珍惜辛苦赚来的收入，就越有机会实现梦想；人生也会因为梦想变得更好，开始带动生活各方面的成长。

存钱就是有这种力量——当你开始在财富上“加”的同时，也会学会如何在生活中“减”去不必要的杂事，在心中清出更多空间，留下你真正想要的人生体验。不仅在财务上有实质效益，**也因为你定期、定量、有规律地去实现理财计划，所以在看着财富增加的同时，自己也有更大的信心面对未来**。

然而仔细观察，这似乎不是大部分人在存钱上得到的体验。想想看，过去的你有多少次想要存钱，却又被新上市的商品打乱计划？你有多少次下定决心要好好计划未来，却又在生活与工作一团乱时把它忘了？有多少次说好下个月要存更多钱，却还是在领到薪水时开心地花掉？或是当你好不容易累积一些存款，却又发生意料之外的事将存款耗尽，让你觉得存钱好难？

如果你曾有过以上情况，这里先给你一剂强心针：并不是你的存钱意志不够坚强，也不是你没有存钱观念。过去的我也有好多次迟疑，甚至觉得是不是违背什么金钱自然法则，所以才让我一直无法在财务上有更好的成就。别担心，心中有想要存钱的念头就是好的开始，你需要的只是系统化的存钱方法，依照正确的步骤去打造美好未来，学习真正能把钱存起来，同时也花得更满足的方式，带着经过验证的方法走在累积财富的道路上，并且实现心中的梦想。

这条路至今已有很多人走过，他们与梦想的距离也因此越来越近。我相信只要你现在就开始做，一段时间后也能看到成果。

只要决心与行动，任何人都做得到

说到开始接近梦想，你一定要听听小雨的故事。

小雨跟多数人一样是个上班族，每月薪水将近 1 万元。她虽然不是一个乱花钱的人，但工作好几年下来却没有存到太多钱。她之所以联络我，是因为好几个月都没存到钱，已经变成标准的月光族。

小雨很讶异，更觉得惶恐，毕竟收入还过得去，为何变成月光族？她意识到自己因为工作压力，不想降低太多生活品质，所以除了基本生活费之外，确实还有额外的花费。不过她并非没有克制消费欲望，许多新衣服与饰品也是尽量忍住不买；假日很少往外跑，其余开销也跟以往差别不大。重点是，她一直认为自己的生活过得算有节制的，为何还是没存到钱？

在经过写信互动后，我分享了几个存钱观念给她，并给她一个明确的建议：接下来几个月要彻底记账，把每一笔消费都记录下来，领到薪水后也要先存钱。

建议信件发送出去后，接下来的日子再也没有小雨的消息，我一度担心她是否觉得压力太大而退缩。约莫 3 个月后，小雨回信了，我读信后高兴得简直要从椅子上跳起来！因为她不仅听我的建议努力记账，还很认真地贯彻我为她提供的存钱观念。自从开始记账，小雨注意到在生活各方面的支出，似乎比初进职场时有增加的现象。起初她感到非常疑惑，明明上班的路线、住的地方都没有改变，支出怎么会增加那么多？后来，她回想到我提醒的几个盲点，于是开始进行财务优化，3 个月后的她，每个月竟然可以多存 30% 的钱，将近 3000 元。

"3000 元！"我在信中看到这个惊人的存款金额时，还担心她是不是省过头，毕竟才开始 3 个月而已，冲太快恐怕会后继无力，过不久又想花钱。所幸，她在信件后半段接着分享，现在的她并不觉得自己过度克制消费，反而开始学会把钱留下来，为更有价值的未来做准备。

对于小雨而言，那个有价值的未来是跟家人一同出游的梦想，以及未来想要出国进修的愿景，这些都是她当初开始工作时曾经立下的志愿。如今，她第一次对实现梦想感到如此踏实，即便能花的钱比以往还少，但因为不再是没有目标的存钱，现在的她反而过得更满足与快乐。

在我的信箱中，小雨不是唯一因为存钱而改变人生的例子。他们都是因为找到正确的存钱方法，让自己的生活开始改变，也因此找到实现梦想的方式。相信正在看这本书的你，之后会知道自己也办得到，然后迈向自己想要的生活。

存钱，让未来过得比现在好

决定一个人是否能存到钱，要看是存钱的本能胜出，还是花钱的本能胜出。

“存钱的本能？我看应该只有花钱的本能吧！”

“我怀疑自己有存钱的本能……”

“看来我花钱的本能比存钱的本能厉害很多！”

好像真是如此，现代人对于花钱的欲望明显大于存钱，但这不代表我们就没有存钱的本能！

找回存钱的本能

回想一下，每次只要新闻报道台风即将登陆，各大卖场是不是就会人潮汹涌？因为我们会担心台风来时蔬菜价格飙涨，并预防无法出门而事先备好存粮。这种“为了危机而储存”的意识，正是人类的求生本能，就跟有些动物会储备粮食过冬一样。

然而，因为时代进步，现代人的物质生活越来越富足，渐渐地忽略了提早为未来做准备的需要。就以“量入为出”这 4 个字来说，以往因为物资缺乏，常常是有一餐没一餐，那时量入为出是为了能够活下去，否则就要妻离子散、家破人亡，而现在这些事的发生概率已经很低。

所以，存钱的本能看似不见了，正是因为生活中缺少危机感。但是，危机并未真的消失。

公司无预警裁员或倒闭、物价持续攀升、晚年健康医疗支出等，都是潜在的经济危机，如果没有提早为自己的未来做准备，就算退休后还能依靠微薄的存款养活自己，生活仍会过得相当辛苦。

存钱，是为了哪怕现在苦一些，也不要未来生活过不下去。每个人都有无法靠劳力工作的一天，那时的收入将会大幅减少，甚至归零。越早开始为自己的后半辈子做准备，越能在那天来时轻松应对。

发挥存钱本能，实现更多梦想

除了失去危机感外，我们身上还有一个存钱本能，只要重新找回它，就能让你的存钱速度马上加倍，甚至增加十倍以上。这个本能就是：追求更好生活的企图心。

人类之所以会持续进步，在于想追求更好的生活，但就跟许多人失去危机感一样，这份企图心也因为生活安逸而渐渐消失。

经常为工作忙碌，不时为杂事分心，生活中的沉重负担不断地把梦想一个一个拉下来。也许有些是出于现实的无奈，但有很多是因为自己将梦想淡忘，导致失去动力。

所谓的“舒适圈”就是如此，当你习惯了圈子里的生活后，就再也不想跨出去，慢慢地，圈子的大小就停止往外扩张，也代表你的财富不再增长。

然而，好事通常都会发生在舒适圈外面，不是吗？梦想也需要你往前走才能得到。如果你愿意，你一定可以重新找回当初想要实现梦想的决心。也许是出国游学，也许是开一家自己的店，也许是来一趟极光之旅，也许是享用美酒佳肴。这些都只是举例而已，每个人都有不同的梦想，此时此刻就藏在你心中，你必须把它们找回来，这样你才能唤醒更多存钱的本能，支撑你往想要的人生方向前进，追求更好的生活。

其实，拥有更好的生活不如想象中难，关键在于你是否愿意先挣扎一阵子，来换取日后更舒服的人生；**现在先过别人不愿过的生活，未来才能过别人过不了的生活**；为了后期能够有更自由的人生、有实现梦想的能力，所以在前期愿意先降低生活品质，在有限的收入中存下更多钱。

也许过程有点考验人心，但别让艰苦的过程变成阻碍你的理由，因为随着财富开始累积，你肩膀上的生活压力会慢慢减轻。

大钱都是由小钱累积起来的，除非你是万中选一的幸运儿，一出生就有富裕的生活等着你，否则每个人变有钱的路径并不会差太多。你需要努力，然后用心存钱，想办法把赚来的钱留在身边，才有机会在未来滚出更多的财富，实现更大的梦想。时间虽然不等人，却可以帮你累积财富；生活也许还不够让你满意，但只要开始行动，就会越来越好。

有一天你将体会到，让你实现更好人生的，不是因为当初存了多少钱，而是当初愿意改变想法，让自己更积极去面对未来的财务。

所以，不要迟疑，找回你原本具有的能力，现在就开始存下更多钱，然后一步接着一步，坚持下去，让未来的你可以做自己喜欢的事、完成自己的梦想；让未来，过得比现在更好。

越晚开始存钱，要花的力气越多

“现在生活费有点紧，等以后赚更多钱再开始存就好。”

乍听之下，这个想法很吸引人，也会让当下的财务压力减轻不少，但其实这是个相当危险的念头。

越晚开始存钱，花的力气会越大，成功的机会也越低，这是不能轻视的道理。

就算没有爬山的经验，也应该知道山路越陡峭，人就越难爬上去；身上背负的装备越重，耗费的体力也越多。如果把人一生累积财富的过程看成是爬山，必须通过存钱实现的财务梦想就在山顶，而越晚开始爬这座山，要爬的坡度就越陡。

再说，越晚起步代表当时的年龄越大，用来工作的精力也越少，就算那时因为丰富的工作资历而收入变多，还是要面对不同人生阶段的财务问题。年轻时虽然收入少，但也只需要养活自己就好；中年时虽然收入多，照顾家人的责任也变大；老年时虽然孩子已经独立生活，但还是要准备退休后的养老金。这些如果可以尽早开始规划，相对来说要走的山路就比较平缓，用时间换取空间，反而轻松。

每个人一生面对的财富坡度都不同，但影响的关键都一样：时间影响坡度，存钱则决定速度。越早开始存钱，或是存的钱越多，就越容易到达山顶；越晚开始存钱，每年需要存的钱就越多，也因此更难达成目标。这就是为何很多人较晚开始存钱，又很快就放弃的原因。因为坡度太陡，产生的无力感让人不想再往前。

“现在”永远是最好的时机

这个世界，没有无缘无故的富有，同样没有无缘无故的贫穷。每个人将来拥有的财富，都一定有个起点。

不论你目前处在什么人生阶段，就算你觉得现在开始已经太晚了，还是要跟自己大声说：“马上行动！”因为人一辈子最富有的机会就掌握于现在，只要当下有存钱机会，就要好好把握。有准备的现在，才会有想要的未来，现在积极存钱，未来才能悠闲花钱。

况且，一旦你开始行动，就会发现可以做的事比想象的还多，也会因此产生更多的动力继续推着你往前迈进。

因为想要，存下更多

有一种现象在心理学中被称作“视网膜效应”，意思是当你开始关心一件事情，就会发现周遭充满类似的事情，比如刚怀孕的女士都会特别留意路上碰见的其他孕妇，顿时觉得街上好多人也都怀着宝宝。同样的心态也发生在追求成功的道路上，当你心中对存钱目标产生渴望，也会开始注意到周围可以帮助你达成的人、事物、资源，甚至是看到一个招牌后产生的点子，一个激发你更大存钱力的念头，都会启动你在存钱方面的各种能力。

每隔一段时间我就会遇到类似的读者，对方因为某个机缘在网络上读到我的文章，发觉这就是他想要的，于是只花几天的时间，就把我网站上的文章全都看完了。这是非常强烈的学习欲望，因为我发表在网络上的文章至今超过 400 篇，字数少说也有 30 万字，这些读者竟然可以在一星期内就阅读完。为什么他们会有如此强大的动力？这是因为他们产生了想要的念头，找到了渴望实现的梦想。

很多人也有这种经验——快要放假的前几天，工作效率会大幅提升，完成的工作量也比平常还多，但疲倦感却没有随着工作量而显著增加。为什么？因为非常期待放假后去旅游，心中有明确的声音推动自己在休假前多做点事，好让自己放心去玩，所以主动付出大量行动，做完好几倍的工作量。

同样的道理，为了更好的未来，为了实现梦想，为了小孩拥有更棒的成长环境，或是给喜欢的人一个难能可贵的礼物，你也会愿意付出大量的行动去存钱、去理财，打造更好的财务状况。

把这些原因找出来，你就会有更大的动力存更多钱。

别等明天，就从今天开始

人无远虑，必有近忧。如果不从今天开始，明天依然不会有任何变化。拖延是人的本性，这点在理财上也很常见。每个明天都是充满诱惑的一天，心中知道要做却不想做的事，多数人都会把它交给明天。但是，**如果不下定决心从今天开始，明天，依旧只是同样的今天**。

别等明天了，今天就开始多存些钱。不要期待未来有更多的钱可以存，而是期待现在就存下更多。如此，你才会成就更好的财务未来，拥有更好的人生。

因冲动而花钱，也可能花掉了梦想

冲动消费，是阻碍存钱的敌人。回想一下，你是否曾经在逛街时，意外发现一件诱人的商品正好打折，兴奋之余就把当月要存的钱花掉？或是原本不想买，却被团购气氛感染而跟着掏钱出来？放心，不是唯独你有这样的经历，多数人家中的某个角落，包括我在内，都有一些不知当初为何要带回家的东西。

然而，偶尔一次的冲动消费还说得过去，如果是经常发生，那可就严重了！

“很想买，就是忍不住。”这是许多人当下的心声。看着那难能可贵的折扣，看着那心仪已久的商品，看着那疯狂抢购的热潮，如同地心引力将人不断地吸过去，此时此刻只想满足短期的购物欲望，也因此，在冲动消费的竞赛中，获胜的往往是商品。

“可是每次消费过后心里也会快乐些，不是吗？”听起来好像是，但千万不要被这种假象给骗了！这只是大脑满足于解决眼前焦虑所产生的愉悦感，衍生出一种松一口气的感觉，并不是你买到真正心仪物品而产生的快乐。

存钱一阵子，犒赏一下子

仔细观察，冲动消费发生时，都是伴随某个特别事件。

很多人平常都存钱，这边省一点、那边省一些，一点一滴把钱存下来，却往往在特别时刻把钱花掉，让财富不进反退。所谓的特别时刻有哪些？例如：忙完一件辛苦差事后的犒赏、跟伴侣吵完架后的发泄、心情不好时的解闷、心情很好时的松懈……很多情况，各种可能，最终都是跟内心这个感受有关：不平衡。

因为工作辛苦，在身心疲累的情况下就容易出现这种想法："我的人生为何要过得那么累呢？"接着心中不平衡的那个你就会出现，想一口气把过去存的钱拿出来花，花不够就直接刷卡。还有一种常见的情况是，平日对伴侣百依百顺，吵架时就心生不满："为你牺牲那么多，现在该是善待自己的时候！"所以把原本要留作未来用的钱拿出来购物，甚至用报复心态狂刷信用卡。

一切，都是来自心中的不平衡。这不全然是你的问题，你会感到委屈，通常是心中没有明确的财务梦想，因此缺少足够的动力支撑你持续存钱。

不是每次花钱，都能买到想要的东西，可是每次存钱，都会撑起想要的梦想。我常用这句话为正在努力存钱的人打气，因为一旦心中有渴望的梦想及目标，当下为存钱所付出的任何代价，在你眼里都是值得的。你不会因一时的委屈，只想着短期能满足你的物质欲望，而忘记长期能实现更大满足感的梦想。

“嚼得菜根者，百事可做。”这句话就是如此贴切。当你心中有强大的往前走的动力，没有什么事情能撼动你的决心、夺走你想实现的目标。这个过程中也许需要承受一时的无奈，需要在一旁看着别人花钱享乐，但在你实现梦想之后，就会知道这些是值得的，你也才会是真正的赢家。

记得存钱的初衷：那些你想实现的梦想

别因一时的冲动，就将你的梦想交换出去。要知道，商品总是会推陈出新，商人更是会抓紧时机，一年四季都有不同的节日让你找到理由花钱，工作压力也会诱使你把钱从口袋掏出来。不过，这些冲动都会消失，这些情绪也会过去，可是你的梦想可不能就此过去、跟着消失。现在不开始为它们准备，时间一到就只会留下遗憾。

每个被实现的梦想，背后都有一个坚持的理由。一个人愿意努力存钱，不是因为不想花钱，而是知道要把钱花得有价值，才会快乐：走远一点买东西不是时间很多，而是省下来的车钱可以拿去理财，以后就有更多自由的时间；节假日不出游并非钱不够，而是当某天想出游时，可以轻松地背上背包，前往一直梦想的国度；三餐吃得简单并非不喜欢美食，而是希望多存点钱，再带着心中重要的人去吃大餐。不论你是为了什么存钱，当心中有梦想在驱动你，你就能一边努力存钱，一边开心地过生活。

记得，别让委屈与冲动消费夺走你的财务梦想，存不到钱的理由总是很多，但真正会存钱的原因却只有一个：一个你想要实现的梦想，一个你想要实现的美好人生。

想买的东西很多，于是把购买力分散掉了

说到想买的东西，你心里应该也有不少候选名单。也许是昨晚在网络上看中的衣服，或是限期促销的机票，也可能是电视广告里的瘦身产品，还有那辆上个月才去会展中心试驾过的汽车。喔，对了，前阵子办公室发起零食团购，你买了吗？

钱赚来是应该花的，然而正是一直惯性储存那么多想买的东西，许多人的财务梦想才迟迟未能实现。

简单说，想买的东西太多，以至于把购买能力分散掉了。

“没办法，那些商品看起来就是很吸引人。”

“最近工作很累，想对自己好一点，那东西就刚好出现在眼前。”

“大家都有，我也好想要。”

虽然从某种原因来说，会有那么多东西想买，跟店家不断推出新品脱不了关系，但真正让人不断想买新东西的原因，其实是：

你并不知道自己想要的是什么。

学会取舍，才能往梦想迈进

问问自己，什么是你生命中需要通过金钱完成的事？手上随时拿着最新流行的物品？开一辆价值不菲的名车？创办一家公司？与心爱的人共度美好时光？让小孩拥有好的教育环境？还是提前实现财务自由？

这些都可以是想要实现的梦想，都可以是通过金钱“买”的一个东西，旁人没有权力干涉你的选择，重点在于：你要分清楚想要的是什么，否则你每样东西都想得到，很可能最后什么都得不到。

没错，你要学会取舍。这个从小到大父母一直在教我们的事，正是能否通过存钱实现梦想的关键。

希望你也把这句话记下来：**梦想是无限的，可是因为收入有限，所以规划实现的梦想应该要有限**。

每个人都有设定梦想的权利，希望梦想是什么就大胆去设想。希望过什么样的生活、开什么样的车子、做什么样的大事，这些都能在心中想象与规划。然而，我们每个人的收入终究都是有限的，没有人可以赚到无限的钱，就连世界首富的财产也能被计算出来，代表每个人一辈子累积的财富都有上限。既然收入有限，跟金钱有关的梦想当然应该要以有限看待。

换句话说，学会分辨心中真正想要的事情后，才能够集中有限的金钱去实现心中的梦想。

握紧想要的梦想

我喜欢思考一个人为何会成功，不论是从朋友身上观察，或是通过阅读发现。**所谓的成功人士之所以成功，并不是因为他们拥有其他人想要的东西，而是他们拥有自己想要的东西**。

相较于其他人一会儿想要这个，一会儿想要那个，看似往前进其实是在绕圈圈，身上的金钱自然就分散掉，把辛苦赚来的钱花在不值得的地方。而成功的人则是尽可能朝想要的目标迈进，把金钱和资源集中用在能实现目标的地方，或许过程中遭遇短暂失败而绕路，但方向很少会改变。不论经过多久，始终走在实现梦想的那条路上。

不论你是谁，这辈子能赚的钱都是有限的，手中的每一块钱都该被视为宝贵的资源，它可以被花掉，但应该要花得值得；它可以存起来，为的是实现最想要的梦想。

这世界并不好混，你如果现在不拼命存钱，怎能希望未来过得比其他人好？实现财务梦想没什么秘方，它需要你存下该存的钱，稳健地理财，然后等待够长的时间，结果才会

出现。用力存钱、稳健理财、耐心等待，就这些。

一个人在财务上会成功，很多时候不是选择做了什么，而是选择不去做什么。想买的东西一定很多，但该买的东西才是正确的选择。重要的是，你很清楚你的梦想比许多东西还值钱，你的人生也不是非得买什么物品才能快乐。看看自己的双手，十根手指能握住的东西肯定有限，不是每样东西都能掌握，既然要做出选择，当然要选择握紧梦想。

偶尔才想存钱，梦想一辈子都只是梦

其实，大部分人都有存钱的观念。如果在街上采访有固定工作的人：“你在存钱吗？”几乎都会得到“有呀”或是“多少都有”的回答。

只不过，要是再继续追问存钱比例与存钱计划这类比较细的问题，得到的答案就会比较模糊。

不清楚自己的存钱目标与计划，是我在许多人身上观察到的理财盲点。因为对存钱的意念不够明确，所以大部分人虽然在存钱，实际上还是偶尔想到才存，或是身上有较多钱时才存一点。

不要被自己“在存钱”的假象给说服了。在存钱，不代表确实把该存的钱存了下来！如果只是“看心情存”“想到才存”“偶尔存一点”，那么你的存钱念想永远无法集中，想要实现的财务梦想更是难实现。

从有限收入中，存下最多的钱

存款数字不会骗人。过去的你如何累积财富，现有的财产数字就能告诉你。只要花 10 分钟，计算过去所有的工作收入，再计算目前所有的存款金额与名下资产，两者相减之后就知道花了多少钱。很多人在计算过后都忍不住惊呼："赚的钱都跑哪里去了？"然后急着想知道那些消失的钱流落何方。

虽然可惜，那些消失的钱已不可能找回，最要紧的还是从现在开始计划好你的金钱去向，留住该留住的钱。

多数人在出发旅行前，都会做好详细的规划。否则假期难得，如果到了目的地才开始想着要去哪里玩、逛什么景点、吃哪些美食，把时间都花在繁琐的搜寻上，岂不是浪费宝贵假期！存钱的道理也是一样，毕竟人一生能够赚到的工作收入有限，事先计划好，确保自己把钱花在值得的地方，或是一步一步为某个梦想存钱，平常的努力工作才是值得的。

当然，想要改变这样的思维需要一些努力，毕竟大部分的人通常只是单纯在存钱，较少有制订存钱计划的观念。就算是接触过财务规范计划的人，也会发现报告虽然分析得很完整，却不知道该如何着手执行。

这也是我在本书后半部分会强调存钱系统的原因。**打造好存钱系统，接下来才可以将其自动化，达到自动存钱的功效，从有限的收入中存下最多的钱**。因为这个存钱系统只要求会计算简单的加减乘除，所以实际的规划和执行并不复杂。

千万不要再抱着“只要有存钱就好”的想法来安抚自己，也不要误以为想存更多钱就非得增加工作收入不可；你必须学习建立存钱系统，让自己在努力工作、争取加薪的同时，不必分心烦恼如何把钱存起来。有了系统的观念，并持之以恒地执行下去，任何人都有机会让梦想提早实现。

千万小心这句话：钱，再赚就有

生活中存在许多阻碍存钱的想法，其中这句话一定要特别小心："钱，再赚就有。"以前我也会犯这种错，不止一次认为生活快乐最重要，钱花掉了没关系，再赚回来就好。但自从我为这句话付出惨痛代价后，才发现它的杀伤力实在太大。

钱并不是再赚就有，真的不是。

2009年，也就是我离开职场的那年，当时身上还有一些闲置资金，股票市场又处在相对高点上，一时之间找不到更好的投资环境，我就开始思考不同的投资渠道。很巧，有位过去在职场沟通训练班的同学联络我，跟我讨论合伙创业的想法。朋友的工作能力非常强，于是我就凭着一股热血，决定跟他共同创业。我相信只要将过去在工作上的管理经验用于创业，结果应该会是好的。

在评估完身上的可用资金，并预留足够的生活预备金后，我跟他踏上创业之路。从发展上来看，公司的成长速度比预期快，然而不到3个月的时间，我开始觉得有些不对劲，只是当时公司不断发展壮大，我也就没想太多，继续将心力投注在事业上。

约莫半年，我终于发现那股不对劲的感觉来自何方——原来我花掉的钱，竟然比赚的钱还多！虽然创业初期应该从投资的角度来看待，我也认为后期回收资金的速度一定会迎头赶上，但我却是用错误的思维来看待这个问题。我没有去认真检视钱是否花得值，而是单纯觉得钱再赚就有。

就这样又过了半年，我依旧忽略这个隐性问题。也因为过去投资的股票、基金仍然持续带来收入，更觉得花在创业上的钱影响有限。然而，不仅是创业上的花费没有管控好，我连生活中的花费也开始觉得不必太在乎，心里还是那样想：反正钱再赚就有。

可想而知，情况并没有好转，我与朋友的合伙事业才维持一年多就宣告结束。之后我用了一个下午的时间，仔细计算这段时间资金的进出，损失的钱竟然高达10万！此金额已足够我生活好几年。

那天，那个星期，还有那之后的每一次回想，我都告诉自己不能再忽视这种心态上的盲点。

虽然这是我从创业上得到的经验，但事实上“钱，再赚就有”这句话对每个人都有负面的影响，特别是领薪水过日子的上班族。因为薪资都是每月固定发放，习惯之后就会觉得这个月的钱花掉没关系，反正下个月还会有钱进来。

回想一下，你或是周围朋友，是否也常把这句话挂在嘴边？虽然从人生的角度来看，若拿健康跟金钱相比，健康的重要性肯定大于金钱，为了医疗保健而支出的金钱确实不能省，此时“钱，再赚就有”听起来的确十分合理。问题是，许多人误解了这句话，变成说服自己在投资或购物上将钱视为不重要的资源的借口，反而让财富不断地流失。

钱，并不是再赚就有。一个重要的原因在于，对多数人而言，每一份收入都需要付出劳动力与时间，而劳动力，还有那宝贵的时间，每个人一辈子只能有限拥有。

我们不可能有用不完的时间，体力也会随着年老慢慢下降，除非你不再需要依靠时间与劳动力赚钱，否则那些辛苦赚来的收入就不是再赚就有。**当你随意将钱花掉时，你不仅是花掉金钱，更是花掉你有限的生命**。

这个世界上，有一个规则永远不会改变：水由高处往低处流，并集中在能把水汇聚起来的地方。同理，金钱也会流向能够汇聚它的人那里，你越是珍惜你的收入，越是在乎手上的金钱，就越有能力累积更多财富，实现更多的梦想。

希望你已经开始警觉，而不是像我一样得到教训才学会。时间、劳动力可是没办法再“赚”回来的，绝对不可能，每个人都一样，这两者一辈子能拥有多少都是注定的。除非你是把钱拿去交换更有价值的东西，否则别再轻易说出“钱，再赚就有”这句话。请把你的钱看作是用时间和生命交换来的宝贵资源，好好善用它，让努力工作变得更有价值。

加薪不等于变有钱

很多人觉得只要收入变多，金钱问题就能解决。所以他们期待下次的加薪机会，期待公司加发年终奖金，期待通过彩票逆转人生。然而有件事我一定要告诉你：不是收入变多，就能解决财务问题。更严重的是，许多人因为加薪，结果反而让自己变得更穷！

听起来不合理，是吗？公司调高薪水是件好事，每月的收入变多了，怎么反而会变穷？过去很多人都带着疑惑来找我，认为工作那么久，薪水也比当初入行时高出不少，为什么还是没存到什么钱，有些人身上还背着越来越多的债务。

其实，关键不是收入增加，而是花费在无形之中变得更多了。

“人的欲望是无穷的。”这句话我们都不陌生，它经常被用来形容对权力或金钱过度着迷的人，但事实上任何人在管理金钱时都可能犯这个错。好比新买的智能手机，用了半年、一年之后，同系列的新产品又上市了，此时你开始发现原来手上拿的手机已不再新潮，心中就会动起想要换新手机的念头；或是当你到停车场准备停车，左顾右盼发现停在旁边的不是广告主打的新车，就是多年前很想买但资金不够的那一款，即使当下开的车，车况还算过得去，收入变多的你还是想着是否该换新车。

除此之外，房子、衣服、手表、皮包，这些都可能因为收入变多，让人觉得自己有能力换更大或更新的款式。曾经有这样的一个案例：一位公司的副总裁，年收入近百万，却常常觉得经济压力很大：因为车贷、房贷、保险费等各项支出，让他觉得钱再怎么赚都不够。仔细了解才知道，他并不是当上副总裁后才觉得钱不够花，早期升任小主管时就有征兆，每月的收入与支出一直处在“刚刚好”的状态。

原来，他每次只要在职场升官，就会迫不及待地提高生活品质，却没有注意到他提高生活品质的速度，比他加薪的速度还快。再者，每次搬到房价更贵的居住地后，发现左邻右舍开的是高档车、追求的是高档次的生活消费，在双重刺激下，那位副总的家庭开销就上升更快了。

结果等到压力找上门时，他早已深陷“赚得多，花掉更多”的陷阱里。

理财中有个不变的原则：**支出始终要小于收入**。只要遵守这个原则，通常就不会落入欠债的陷阱里。但切记，这只是基本原则，并非符合条件就是把金钱管理好了。如果你每月所花的钱都是以收入来衡量上限，随着加薪你早晚会成为“高收入、高消费”的人群——听起来很有自豪感，但真正留在自己身上的钱却没有多少。

加薪不等于变有钱，关键还是你能留住多少钱在身上，有没有把钱存给自己的未来。

收入增加，立即存钱

因为收入变多，提高生活品质是很自然的事，不过如果你不想一辈子做金钱的奴隶，不想一辈子用劳动力换取金钱，那么一定要控制生活品质提升的速度，至少不要超过收入增加的幅度。有个原则你可以把握：每当工作收入增加，或是领到额外红利时，你要先想到的是提高存钱比例。

随着加薪而提高存钱比例有个好处：你将不会有损失的

感觉。

“哎呀，现在已经很省钱了，想到存钱就开始头疼。”

“嗯，我也想存钱，不过这样假日就不能出门玩了。”

以往我在帮别人设定存钱计划时，偶尔会碰到基本生活费已经占去收入 90% 的人，如果连剩下的 10% 都拿去存起来，还真的完全没有生活品质可言。这时我除了会陪对方一起学习财务优化的流程，还会认真请对方跟自己约定，往后只要工作收入有增加，或是得到意外之财时，都要把大部分的金额先拿去存起来。

观察人在得到或失去物品时的心理反应，通常会发现人们对失去某些东西特别反感。因此要降低一个人对损失的感觉，最好的时机就是在他得到更多的时候。

你应该也有这样的经验：周围有些朋友或同事在升迁、加薪时，会显得较大方，比如招待大家聚餐等；或是有天因为中奖获得几百或几千元的意外之财，事后花掉奖金的速度也比平常快。这都是因为心理上认为钱是额外多出来的，原本不属于自己，所以看待的方式也会产生变化。

因此，这种看待金钱的态度应该反过来，才能让自己存更多的钱。

我一再提到，造成人不想存钱的原因之一，正是未来对自己而言不够明确。毕竟未来要靠想象去规划，而现实生活就摆在眼前，大脑很容易先考虑现在而不是未来，自然也就失去了存钱的动力。有学者做过研究，在即将举行的会议前请来宾填问卷，调查他们在中场休息时想吃香蕉还是蛋糕。统计结果是 70% 的人回答要吃对健康有益的香蕉，然而等到会议当天，同样一群人最终有 80% 选择吃蛋糕，而把香蕉留在一旁。

结果并不意外，是吧？我们都知道要选择做正确的事，但很少会从现在就开始。存钱也是，这也是为何许多人在设定年度愿望时，“开始存钱”都会出现在清单里，只是过了一年，同样的愿望又再度出现。

缺少行动力是一个原因，但厌恶损失的反应更是关键。如果把存钱和不能花钱联想在一起，损失的感觉就会产生，接着在心里就会想要避开它，当然就不想把钱存下来。

这就是为何要把握收入增加的那一刻——趁着收入变多时存钱，就不会有损失的感觉。

另一方面，你只是把收入变多的其中一部分存起来，剩下的钱还是可以拿去做其他用途，所以其实你能花的钱也会变多，最终实现多存也多花的双赢结果。

该怎么做呢？我有个非常简单的方法：**每次加薪时，提高当时的存钱比例 3% ~ 5%**。若你的加薪幅度超过原收入的 10%，存钱数至少要增加 5%。对某些人而言，虽然可能只是每月多存几百元，但只要妥善规划投资理财，长期下来就会累积出不小的财富。

顺带一提，每次我分享利用加薪存更多钱的方法时，不少人会向我表示他们从没注意到损失心态的影响，也没发现原来稍微调整一下心态，就可以让自己开心存下更多的钱。每次看到大家因此而改变，脸上出现对未来有更多信心的表情时，我也会跟着一起感到高兴，觉得存钱真是一门有趣的课题。

记住，加薪不代表真的变有钱。想让自己的财富变多，就要做出正确的理财行动：当你因为工作表现好而增加收入时，应该选择让自己在未来变得更富有，而不是一直停留在原地。别只想着现在就拥有最高档的享乐，先放慢生活品质的提升速度，这样你的加薪才会让自己变得更有钱，也不会掉入赚再多也不够花的陷阱。

别把钱花掉后，才开始想存钱

你是月初就把钱存起来的人，还是月底再看有多少钱可存的人？根据我的观察，大部分人都习惯在领到薪水后，先好好地吃一顿、看场电影、逛逛街，慰劳自己，月底再把剩余的钱存起来。殊不知，这样的用钱顺序，长期下来会让自己少存很多钱。

先存钱，再花钱

“**拿到任何收入时，务必把存钱摆在第一位。**”这是我经常提醒的重要观念。这样不仅可以存下更多钱，更棒的是，因为正确的用钱顺序，也会提升花钱时得到的满足感。

让我们来思考两种不同的情况。第一种，是在领到薪水时先慰劳自己，把钱花在期待已久的地方，例如朋友聚餐、买新衣服、产品预购等；接着支付账单与生活费；到了月底，此时别无选择，只能把剩余的一点钱硬存下来。于是，月底的那段时间变得很难熬，必须压抑花钱欲望，忍到下个月发薪水时，然后又开始重复慰劳自己的日子。

第二种情况相反，在领到薪水时就把该存的钱存起来，在扣除账单与生活费后，剩余金额就是当月可以花的钱。不过，因为你已经先把该存的钱存起来，所以接下来好事就会发生：你可以尽情花手上的钱！只要金额够，想吃什么就吃什么，想买什么也可以买，完全没有花太多的压力。而且因为是先存钱，再花钱，自然会思考如何把钱花得更值得，结果是你花钱的满足感也提升了。

先整理金钱，钱会花得更快乐

这种经验你应该也有过，只要隔天有重要考试，或是主管交代的工作进度落后，就算你想要做最后的冲刺，仍无法静下心来好好读书或工作，反而有股想把房间或桌子整理干净的念头。有趣的是，当你动手整理完后，心中就会比较舒坦，也能开始专心准备要做的事情。

其实，这跟我们的用钱顺序也很像。想想看，除非你完全不想存钱，只想赚多少花多少，否则在花钱时，心里多少会有顾虑——担心花太多存不了钱，或是不断盘算以免把房租的钱花掉。不管结果如何都令人纠结，而且当你站在某个商品前挣扎该不该买，最后决定不买时又会怨叹自己好穷。

所以，先存钱再花钱，把预计要存的钱先分配出来，等于拿掉心中顾虑花钱的大石头，之后花钱时自然会更快乐。此外，如同整理房间后心情会变舒坦，存钱也像是整理自己的金钱，先把钱存起来，心情也会感到更踏实。也许之后花钱时多了点限制，但这是一件好事，就像你需要杯子来限制液体的流动范围，才能放心喝到美味的果汁；同理，选择先存钱也是为了保护金钱不到处乱流，就算之后能花的钱变少，却仍然可以得到更大的满足感。

存款经常见底，却迟迟不肯做预算

有出国旅游的经验吗？因为廉价航空的普及，出国旅行成本越来越低，许多人每年至少安排一次出国游，借以放松身心。不过出国游要准备的事情还真不少，除了提前排假期、订饭店、买机票、规划景点、安排行程，还有一件事，几乎每个人都会在出国前完成。

想到了吗？那就是换外币。

大部分人会先兑换好外币现钞，兑换前也会精打细算需要用的金额，如果能在汇率最低点时换到更好。最怕的是，人在国外临时把现金花完，不仅提款麻烦，兑换的汇差损失及额外收取的手续费也特别贵，改刷信用卡又要被收取国际刷卡费用。

也就是说，因为出国时能花的现金有限，若不小心花掉太多又特别麻烦，所以自然会先做好出国旅行的预算。

既然如此，为什么面对自己的财务规划，大部分人反而跳过预算的流程呢？

人生，其实就像一场旅行，在这个过程中会因为抵达不同的人生阶段，需要支付不同的开销，如必须支出基本的生活费等。如同前面一再强调，如果把整个人生能赚到的收入加总起来，就会发现终究是有上限的，意思是虽然现在还不知道一辈子能赚到的钱有多少，但肯定不是无限的，这不正是跟安排旅游预算一样吗？

然而，只要在理财中谈到预算，通常会让人开始头痛，想要躲得远远的。提到预算，不少人心中会联想到复杂的数字与冗长的计算过程，更令人排斥的是，感觉做完预算后能花的钱又变得更少了。加上执行预算的过程通常需要足够的意志力压抑花钱欲望，在周围少有成功案例支持的情况下，做预算更被许多人觉得是“浪费时间”“不符合实际”的理财方法。

复杂的数字、不能花钱的痛苦、浪费时间，这些都是阻碍人做预算的原因。幸好，世上不单有一种预算方法，用于个人理财的预算也可以简单又有效，它其实跟切生日蛋糕差不多，几个步骤就能分配好你能用的钱。而且，当你开始学习分配时将会发现，原来自己的存钱潜力比想象中还大。

以我自己为例，刚开始理财时不觉得预算有多重要，只是大概抓一下每月的收支平衡，以为那样就是做好预算了。现在回想起来，那段时间自己的存钱速度超慢！算一算，几年下来应该少存了几万元。

开始学习分配式预算后，我的存钱速度快速上升，平均比之前多存了 10% 的钱，足足是活期存款利息的 10 倍！更重要的是，我的收入不需要变多。有了这个经验，我更加确信与其烦恼银行利息太低，不如思考通过预算增加存钱效率，在收入不需增加的情况下，存下更多的钱去理财。

如果你经常发现存款不够用，或是到了月底就要缩衣节食好撑过最后几天，那么有个建议你务必听进去：就算给你更多的收入，如果不开始学着做收入分配，你还是会继续面对存款见底的日子。

预算，并不是财务上的“紧箍咒”，而是每个人的存钱蓝图，让你在存钱与花钱之间取得平衡，将未来的财务梦想带到眼前，明确告诉自己该如何执行。

预算，就是别让自己饿过头

不少人都有类似经验：肚子很饿，却无法马上吃到东西。比如车子已经开到餐厅附近，左绕右绕就是找不到停车位，肚子也就越来越饿；或是排队等着进餐厅，但肚子早已不争气地“咕噜咕噜”叫。当人的身体发出饥饿信号时，有些人的手会开始发抖，大部分人的情绪也会变差，容易不耐烦。

漫长的等待结束，终于要开始用餐了，之前身体不断发出“我要吃东西”的呼喊声即将得到满足。此时当你拿起菜单，或是食物端上桌时，第一个反应是什么？是不是心中有一股气要发泄，特别想要大吃特吃？不知不觉中，你因此点了好多道菜，或是吃下过多的食物，把肚子撑到非要吃胃肠药不可。这种饿过头导致吃太撑的行为，就跟花钱没有做预算一样，无形中也会花掉你更多的钱。

别在肚子饿时去大卖场

人的身体是一种追求平衡的系统，自然会对缺少的事物产生需求反应。这就是不能在肚子饿时去大卖场的原因，不然肯定东抓一把、西抱一堆，买了过多的食物回家。

对于金钱，我们的感受也一样。花钱也是一种满足需求的行为，如果我们不学着控制预算，提前告诉自己何时该踩刹车、设定消费的底线，那么等到你产生花钱需求时，就会像肚子饿一样，只想尽快满足当下所有欲望：平时工作很累的人，就会说要好好犒赏自己；吵完架的情侣，就会说要好好对待自己。只是这些“好好”的程度，通常早已超出原本需求，而代价就是你的荷包变得越来越“瘦”。

所以，做预算的好处之一，就是在你“饿过头”之前，先规划好可以花的金额，让自己管控好金钱。

预算，也是预约好的未来

做预算的另一个好处是——预约自己的未来。好比经常有人跟我说，希望能在 3 年后出国留学，5 年后买车子，或是 10 年后存到房子首付款。这时就会面临一个实际的问题：要如何在设定的时间内达成目标呢？

以出国留学为例，如果目标是存到 10 万元，每个月计划存下 2000 元，代表要存超过 4 年才能实现，跟预期 3 年的时间有段差距。这时很多人会被点醒，**原来梦想不会自己水到渠成，也不能一直放在心中珍藏，而是要经过计划才能实现**。

还是那句话：梦想可以无限，收入却有限！因此，我们要经由预算，将梦想排出顺序，优先预约最想实现的那个梦想，才不会到最后只能回首来时路，心中后悔为何不早点开始存更多钱。

规划好现在，才能掌握好未来

未来是由许多个现在所累积的，当下能随心所欲虽然是很快乐的事，但如果在金钱管理上经常随心所欲，可就不妙了。通过预算分配的概念，我们才会知道现在的收入该如何规划，并预先掌握未来的财务状况。此外，做预算也代表提前画出人生梦想的蓝图，有了目标，自然更用心生活与努力工作！

有钱人的生活跟你想的不一样

“想要变有钱，就学习有钱人的行为。”你听到这句话时，脑中出现有钱人的行为是什么？开名车、住豪宅、喝高档红酒、吃一顿动辄上万元的晚餐？如果你这么想，并不令人感到意外，这就是社会营造出的有钱人的生活。只是这样的想法也害了不少人，以为想要变有钱，就得先模仿印象中有钱人的生活方式，走进有钱人的生活圈，希望有朝一日也成为真正的有钱人。

虽然靠花钱而变有钱，并非完全不可能——幸运偶尔也会降临在某个人身上，但也误导了想变有钱人的多数人。

试着思考这个问题：如果有一个人，不是靠着继承财产而变富有，平日生活量入而出、适度节俭，你觉得这样的用钱习惯是在变富有之前就开始，还是之后才养成？

按常理来说，一个人在有钱时还会适度节俭，大部分都是在富有之前就如此，而在金钱上有这样的习惯，也是他们能够白手起家变有钱的原因。

我们都想要变得更有钱，但不少人却误解了变有钱的方式。虽然部分有钱人确实靠花大钱的方式致富，但不代表那样的方式适合所有人。假设每1000个人里只有1个是靠花钱成功的，那么想要通过花大钱致富，根本是铤而走险。

反之，真正能够白手起家的有钱人，他们过的生活并不如想象中奢华。严格来说，许多有钱人在变富有之前，大部分时间都是过着适度节俭的生活，因为他们要让收入持续大于支出，这样才有更多的钱可以投资，或是拿去当创业本金，所以愿意牺牲生活品质，以换取第一桶金。

能把钱留住，赚更多的钱才有意义

只因为有钱人的收入高，就觉得他们一定很会赚钱，这其实也是一个误导人的因果谬论。若不学习如何把钱留住，钱赚得越多，只会带来花更多的结果。

讲到这里，也许有人会说："我知道，你就是要提倡节俭吧？可是我不想过节俭的生活，赚钱就是要享受人生，想成为有钱人就是为了过好生活呀！"当然你可以有这样的想法，但或许也应该静下来想想，成为有钱人到底该做哪些事。想成为有钱人跟真的成为有钱人，差别很大。我这样说吧，如果让你现在就过着想象中有钱人的生活而拼命花钱，或者去做真正有钱人如何累积财富的事，你觉得哪一个最终会让人变得更富有？

累积财富的首要基础，是好好把赚来的钱守住，并依靠良好的金钱管理与计划，让赚来的钱变更多。

回想一下，以往金融市场发生危机时，股票、基金或房地产都处于非常低迷的状态，此时决定一个人财富倍增的关键是什么？就是之前努力存起来准备投资的钱，它们将决定你能够买进多少物美价廉的资产。

诸如亚洲金融风暴、美国“九一一”事件、美国网络股泡沫及次贷风暴，**这些事件都是突然出现的**，那时你手上拥有的资金越充足，就能抓住越多绝佳投资机会。没错，这些都是事后才知道是好的投资机会，事前没有人可以预料到。然而，依旧是那句经得起时间考验的话：一个人如果没有事先准备好，眼前出现再好的机会也没有意义。

努力把赚来的钱存起来，是确保资金充足的最好方法。当机会出现时，才有能力打造自己的资产王国，让金钱努力为你工作。工作收入的高低虽然有影响，但那并不是致富的首要关键，重点在于你能存下多少钱去理财。每当你打算花掉200元之前，先思考这些钱有可能经由投资在未来变成500元、1000元，再回头想想，你现在花掉这200元，值得吗？

真正的有钱人，懂得金钱管理与规划

有钱人除了懂得通过存钱创造更多收入，还懂得学习金钱管理的知识，提前规划想要实现的财务梦想，靠着做预算和控制开销的方式，成为真正的有钱人。以下四个题目你不妨也问问自己：

◎你的消费是按照一整年的年度预算来进行的吗？
◎你能够说出每年在衣、食、住、行方面花掉多少钱吗？
◎你是否有一套明确的目标计划——关于每天、每周、每年以及整个人生目标的达成方式？
◎你是否花了足够的时间去计划你未来的财富？

如果你的答案都是肯定的，那么你重视金钱的方式已接近有钱人的行为。根据统计，相较于那些收入很高但资产却很少的人（也就是赚得多也花很多的人群），真正的有钱人平均多花两倍的时间去计划和学习如何管理手上的金钱。

希望你别忘记，并不是赚越多钱或很会花钱，就越有机会成为有钱人。会赚钱而不会存钱的人，就好像浴缸的排水孔没有被塞起来，水龙头的水柱再怎么强劲、底下的水再怎么累积，浴缸里的水最终还是会流光。

有因才有果。想要成功，要先具备成功的条件；想要更好的人生，要先让自己成为更好的人；想要变有钱，也要先做真的可以成为有钱人的事情。**别让你的钱轻易流走，这才是迈向有钱人的正确道路**。

别怕面对问题，因为答案就在后面

读到这里，我们已经突破许多阻碍人存钱的盲点。现在你对想存下更多的钱，或是通过理财改变人生，是否充满更多动力，心中是否有一股冲动想赶快去做跟理财有关的事？希望你有！每当我学到新的理财知识，当下都会急着想执行，想要马上开始打造更好的未来。只不过，以往一直有个心理障碍阻挡着我，虽然我现在已经有经验所以很快能克服，但我知道很多人依然被这样的“阻碍”绊住而停滞不前。所以，在进到下一章前，我要先跟你谈谈如何克服它。这个障碍就是：原本想找到答案，结果却发现更多问题。

好比当你开始想要存钱，或进一步为将来的梦想做规划时，不论你现在的收入水平、银行存款在别人眼中是有钱或没钱，当你开始做预算或设定存钱计划后，很可能会渐渐感受到这股压力：钱，怎么好像不太够！

然而，有这个感受是好的开始，我觉得有必要让你知道。

想想看，当我们身体不舒服时，为什么会跑去看医生？因为我们希望医生帮忙找出身体不舒服的原因，或者一旦发现健康真的出问题需要治疗，虽然得知结果后会难过，但通过检查提早发现才是重点。同样，当你开始想要改善财务现状，首要的任务就是了解需要解决的问题在哪里，毕竟问题早已存在，提早面对它，也等于你已经开始成长。

勇于开始，梦想就有实现的可能

想存下更多的钱却发现钱不够，确实会令人沮丧，而且可能还会因此慌张，对未来失去信心。这就是为何很多人想要通过理财改善生活，结果在知道自己的财务状况比想象中糟糕时，马上就退回原本的舒适圈，继续过着原本的生活，用各种理由说服自己现在还不是理财的时候。

没错，慌张感并不会因为你开始行动而马上消失，甚至会开始上下起伏造成更多的焦虑，我经历过，所以还记得那些感受。只是你也必须知道，事情在你洞见存钱盲点时，就真的已经开始变得更好。你在发现问题后不想面对，这只是想要避开未来的不确定性的一种本能反应，但只要你愿意面对它，拒绝被这些负面的思绪干扰，听取心中渴望变好的声音，之后心情一定会越来越平静。

这个世界，巨大的东西很少一体成型：不是由各种小零件组成，就是要经过长时间的堆积。我们都要清楚这个道理，因为大钱的累积，也是从手中一点小钱开始存起。坚持把钱存下来，学习把钱花得更值得，之后我会协助你一步步优化财务状况，你的财务问题肯定会越来越小，而你想要实现的梦想，也会越来越近。

把手握紧，持续下去。在财务管理上取得成功的关键，就在于能否撑过一开始的缓慢进程。刚开始起步时，总会有许多问题需要克服，但千万不要因为问题太多而停止继续找答案。

下一章，我们要开始学习存钱该做的事，加快存钱的速度。准备好了吗？让我们先从累积财富的循环圈开始。

第二章

得到——你该拥有的存钱观

赚来的钱你存了多少，存下的钱你赚了多少

如同经典故事，投资理财的世界也充满传奇。过往听过不少人的成功故事：有些像电视连续剧般曲折离奇，令人难以置信；有些虽然平淡无趣，却令人信服，其中有个故事让我一再回想并经常用来勉励自己。

S是我的朋友，他的父母从小到大都在为生活努力挣钱。常听到有人拼命工作只为挣一口饭吃，S爸妈小时候就是如此，常因为贫穷而有一餐没一餐，结婚后又为了养育小孩而过着省吃俭用的生活。在那个年代，他们的收入只有几百元而已，不过为了更好的未来、更安定的生活，他们不上餐厅吃饭，衣橱里很少出现新衣服，车一开就是十几年。两人用尽心力把钱存下来，不追求奢华的生活，不跟随当代需要花钱的流行风，只是专心地存下一块又一块的钱。

“求学时家里过着能省则省的日子，当时觉得很痛苦，

但现在看着他们到处游山玩水，才了解有多幸福。”S 用佩服的语气跟我说。如今，S 爸妈名下至少有两套已付清贷款的房子，而且都位于人口密集的住宅区，两人也在不到 60 岁的年纪就从职场退休。你若听到他们的故事，当面看到他们累积的财富成果，一定也会讶异他们为了存钱所付出的努力。在那个年代，书店没太多理财书，电视还没有财经节目，他们已经懂得在有限的收入中，为自己还有家人打造财富安全网。

虽然以时空来看，要再遇到那种资产飞速增值的机会不容易，但你也应该明白，关键还是在于 S 的父母除了努力工作赚钱，也愿意先降低生活品质，把赚来的钱存下来。

缺乏存钱的企图心，是现代人的通病。因为生活过得还算充裕，人生当下并没有什么危机，所以对于金钱的来来去去总是轻松看待；加上每天不断周旋在工作与生活之中，久而久之心中想实现梦想的念头也被磨光，提到准备退休后的生活费，更觉得是很遥远的事。然而，这种活在当下的想法也让很多人在中年以后陷入财务困境，等到某天突然发现而想要脱身时，才开始怀疑钱到底都花到哪里去了。

钱都花去哪里了？大概算一下，一个月收入 7000 元的上班族，从 25 岁开始工作到 35 岁，总共会赚到 84 万元。

平均来说，会有一半用来支付必要生活费，剩下 42 万元则是用在自己身上。然而，不要说 42 万，不少人到了 35 岁要拿出 10 万都有些困难。若要回想这些花掉的钱都跑去哪里了，能实际说出来的人更是少数。

“一个人不想存钱，是因为没尝过缺钱的恐惧。”我常用这种无奈又带点警示的语气来提醒大家及早存钱。令人真正担心的是，若是现在感受不到缺钱的困扰，未来就可能过着缺钱的生活。

缺钱，不一定只是缺衣少食；在追求梦想的路上若资金不足，也是缺钱。每个人只要找个时间坐下来回想，一定能列出好多需要靠金钱才能实现的梦想，也会发现如果想要实现其中几个，势必要开始从现有的收入中存下更多的钱。

赚钱 + 存钱 = 财富循环圈

在我演讲时，经常遇到年轻朋友发问：“该如何累积财富？”从此问题中我仿佛看到自己以前的影子。

我很早就开始理财，回头看自己走过的理财路，也始终维持在该有的方向。只是一路上走来，对于如何累积财富，也曾经有疑惑，所以遇到类似的提问，我都会尽量用简单的道理传达理财重点，希望听的朋友牢牢记住。一段时间下来，我已经学会用几句话就带出核心内容。其中这句话就是经过我浓缩再浓缩的理财建议，想要累积财富，希望你也好好记住这句话：

赚来的钱要想办法存更多，存下的钱要想办法赚更多。

前者是理财存钱，后者是投资生钱，只要你持续地遵守这两件事，这辈子的财富就会不断往上累积。如果以圆形来代表财富，面积越大财富也越多，这两件事就是持续扩大财富的重点，结合起来就是个**财富循环圈**。

我知道，有些人会觉得这个建议过于简单，但你不妨实际去观察周围的朋友，就会发现很多人无法同时做好这两点。有些人在工作上很努力，赚的钱也越来越多，但同时花钱的速度也越来越快；有些人则是很会存钱，但存下来的钱只是保守地留在银行账户里，并没有达到累积增值的效益。

不过，相较于赚钱，存钱还是要摆在优先位置。有钱人虽然是靠投资致富，但在那之前，他们都是从存钱开始。光会赚钱只能让你具备存钱的条件，如果没有付诸行动，财富的多寡跟赚多少钱之间就没有关联。先把存钱的基础打好，让钱自动存起来，之后才可以将注意力集中在赚钱上面，全心全力去增加工作收入与投资收入。

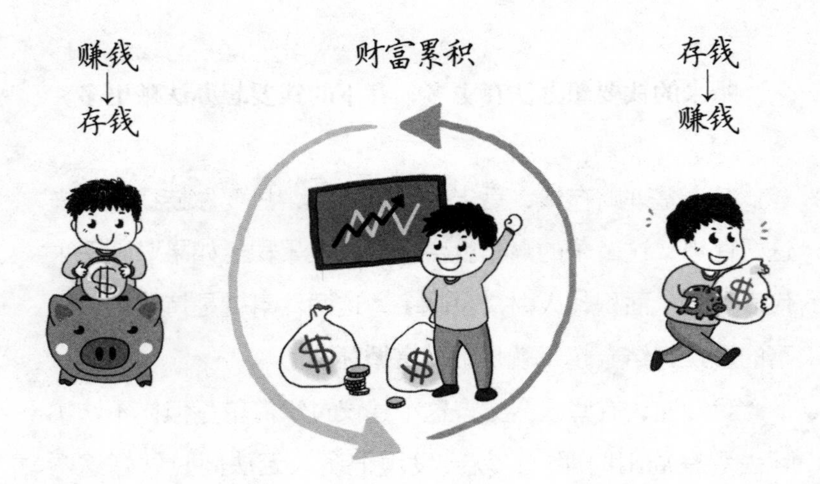

存钱是一种练习

大约在 2013 年，我 33 岁的时候，开始惊觉体力迅速下降，从那时我开始安排时间要求自己运动。重新开始运动总是特别累人，但就跟存钱一样，“坚持”两个字对运动来说很重要。好不容易找回运动习惯后，某天我想练习一套很久没做的燃脂运动，便用电脑播放训练光盘，开始跟着做。

这套燃脂运动分成 3 个阶段，从一开始初级热身，慢慢进入中级组合，最后以让人疯狂飙汗的摆动结束。印象中第一次做到中级动作时，身体摆动速度已经跟不上画面中的教练，整个人简直喘不过气来，心跳速度超快，脸色也有些苍白，当时只能先停止运动，赶紧坐着休息。

在重新养成运动习惯后，做同样的动作时却显得呼吸平顺，心跳速度也只是稍微变快，我甚至怀疑是不是播放了难易度较简单的版本！我感到非常讶异，因为距离第一次跟着做这套运动已经是两年前，如今年龄变大，可是个人耐力、身体稳定度与肺活量却变得更好，我为自己的进步感到兴奋。

有运动经历的人都知道，人的身体会因为适当增加运动量而变得更健康，身体机能也会因为运动而获得提升，让人更有活力。另一方面，如果很久没运动了，当你重新开始运动时，会觉得身体比想象中沉重，没过多久就会气喘吁吁，隔天起床更是觉得全身酸痛。不过，随着运动次数增多，持续的时间变长，不论运动项目是慢跑、骑单车，还是游泳或跳有氧舞蹈等，只要定期、定量地练习，身体就会开始变好，同时你对该项运动的掌握度也会提高。

无论是在什么领域，只要能进步，通常都会让人感到振奋，渐渐从不习惯到变强，这就是练习的力量。

持续练习，才能不被花钱欲望主宰

对我来说，存钱也是一种经过练习的结果。同样一件商品，有些人就是无法抗拒诱惑，每次都忍不住掏钱出来买，有些人却可以成功克制，头也不回直接离开现场，差别就在有没有锻炼存钱意志。我从许多读者身上观察到，有些人刚开始是完全不想存钱的月光族，下定决心存钱后，反而变成到处鼓励别人储蓄的存钱族，自己更是在收入不变的情况下越存越多。

相较于存钱需要练习，花钱却是非常自然的事。观察那些还无法体会金钱重要性的小孩就知道，教会他们存钱与花钱，难易度可说是天壤之别。花钱是人的天性，所以只要把钱交到小孩手上，他们就会边跑边跳地去买想要的饼干、糖果或玩具；反之，如果要求他们把钱存起来，等于是要小孩学会克制欲望，把想拥有东西的念头压抑下来，换成替未来着想。要理性地站在欲望的对立面，不论是对一个 5 岁小孩还是 50 岁的大人，都不是一件容易的事。

然而，这也正是为何在相同经济环境下，还是分得出贫穷与富有的原因。当一个人被天生的花钱欲望主宰时，只要遇到花钱购物的机会，就会无法克制想立即拥有商品的冲动，完全忘记存钱这回事。此外，现在属于轻易就能预支金钱的时代，不少人会借钱消费或是刷爆信用卡，最终落入负债的困境中。

如果你没有运动的习惯，那就来回想学生时代的这个经验：抄写作业。从小到大，我们抄写过好多作业，有些是固定的作业，有些是考试后的复习，有些则可能是被罚抄写。回想起来，虽然疯狂抄写作业的日子很痛苦，手很酸，但基本的学习能力也在反复练习的情况下培养起来。

之所以会用“练习”来强调，就是做起来简单，但要持续做却相当困难，持续做得好更是超级困难。**存钱也是如此，当我们打算跟天生的花钱欲望对抗时，一定要经过练习：**练习如何管控支出，练习如何从有限的收入中分配更多的钱来储蓄，练习如何在安逸的现状中思考未来的危机，练习如何在财务困境中找到扭转的机会。最重要的是，练习如何在抉择该不该花钱时，选择对自己最有利的选项。

很多事都需要学习，没有人天生就懂得如何成功。能够存到钱也是勤于练习的成果，这个世界处处存在让人花钱的理由，因此更需要练习向不值得的东西说不，练习用耐心守住自己的梦想。

训练你的“存钱神经”

自从有了运动习惯后，我的练习项目除了加强心肺功能的有氧运动，还包含维持肌肉功能的无氧健身运动。某天上网研究健身资讯时我发现，当人在练习举哑铃时，不仅身体肌肉会变强壮，也会连带锻炼到神经系统，使神经间的交流更活跃，提高身体的协调性，肌肉就会更快适应举起来的重量。

虽然我不确定是否有科学研究证实，不过健身的经验确实让我明白：练习的天数越长，身体越容易习惯某个姿势的出力，要举起相同重量的哑铃也就更不费力。

听起来很奇妙，不是吗？出的力更少却还能举起同样的重量？就像是上班时间减少但老板付你同样多的薪水？天底下应该不会有那么好的事吧？

确实，实际上并不是真的少出力，而是因为人体肌肉与运动神经是一个能够自我协调的系统，习惯了同样姿势的出力，在使力时就更有效率，出的力量更集中，各肌群也就不必负担那么多力气。就好比有些棒球选手的手臂没有特别粗壮，可是击球时却爆发力十足，经常能挥出全垒打，就是因为运动神经与身体肌肉的完美协调，产生出强大的力量。

同理，在理财的经验中，我发现有一种“存钱神经”在发挥功效，让人存起钱来更轻松，存到更多的钱。打个比方，每次我到卖场都要经过数码产品的展示区，还记得刚入社会时，都会忍不住靠过去绕一圈，有时还会心动而买东西。如今因为长期练习设定存钱目标，我的存钱神经已被训练成把关注点放在未来，路过展示区也不会停下来，就算看见心动的物品，大脑也会自动警告我：如果把钱花了，等于是推迟实现财务梦想的时间。

训练自己的存钱神经还有个好处，就是当你因为工作忙碌而疏于理财时，只要不中断太久，都会在短时间内重新回到理财轨道上。

以记账来说，虽然我在各种场合都积极推广记账的好处，但过去我也曾停止记账，而且至少中断过 3 次！最长一次差不多有半年的时间，没有记录任何消费。

不过，因为过往我不断告诉自己存钱的重要，也练习过许多存钱方法，所以即使我中断了记账，存钱神经依旧还是在运作，让我不至于荒废记账太久，也因此在重新记账时很快就能找回之前的规则。更棒的是，随着我再次记账，每次维持的时间也就更长，至今距离我前次中断记账的时间点，已经超过 10 年。

虽然我们的大脑里并没有特定的掌管存钱的神经，但我相信人的大脑会对经常做的行为产生惯性记忆，这也是为何当你开始产生存钱的念头时，就已经是在跟大脑提示存钱的重要性。

存钱神经或许没有科学根据，但以我的亲身经验与许多人的验证，都说明了只要持续加强存钱动力，持续练习与存钱有关的能力，大脑就会把存钱的重要性往上提升。

至于要如何训练存钱神经？有个很简单的方法，而且大部分人小时候都经历过，那就是——准备一个存钱筒。

用存钱筒找回儿时的存钱动力，每年多存 2000 元

读小学时，我家旁边有块空地，约可停放两辆汽车。从我开始有记忆起，空地上就长着好多竹子，那里一直是我放学后的冒险乐园。此外，那片竹林对我还有个特别意义。

某天父亲趁工作空档期，带我到竹林前面，左看右看后挑了一根有些青黄的竹子，并把其中一节锯了下来。拿回家后，他先是将前后两端用细砂纸磨光滑，接着就在侧边靠近前端的地方挖出跟钥匙长度差不多的开孔。父亲先是试着投几个硬币进去，然后再确认纸钞也塞得进去，完成后就把竹筒交到了我手里。

那是我人生中最棒的存钱筒了。

自从有了竹子存钱筒以后，每天听零钱在竹筒里叮叮咚咚的撞击声就是我的乐趣，只要身上有剩余的零钱，或是偶尔撒娇要父母多给几块钱时，我都会赶紧把它们丢到竹筒里。随着竹筒的重量越来越沉，我也越来越开心，虽然不知

道要如何打开它，但我知道里面的钱一定很多，多到我可以买梦想中的玩具。

虽然我早已忘记最后是如何花掉那一笔钱，不过我依旧记得那天把竹筒破开、倒出零钱的时候，感觉有无数的金钱堆积在我面前，当时的我心中升起一股巨大的成就感。

也许就是从那时开始，我喜欢上存钱的感觉。

每天存点钱，拥有理财思维

在信息时代，由于网络的普及，现代人使用现金的机会开始变少，家里也就少了一个摆放存钱筒的地方。然而，直到现在我还是建议，不论是大人还是小孩，都可以在家中看着比较顺眼的地方，放一个存钱筒。

“每天存零钱，会不会太麻烦呀？”

“只是存几块钱，对财富能有什么帮助……”

“我是一领到薪水就把钱转到存款户头，不需要存钱筒了吧？”

虽然有些人会这样跟我反映，觉得每月直接从收入中存下一整笔钱就好，而且直接用银行转账比较方便。每天收集零钱把它们丢到存钱筒里，有点麻烦。然而，**每天存点钱到存钱筒，与长期储蓄计划其实有着截然不同的目的，重点是要让自己每天都沉浸在更富有的感觉之中**。

把钱丢进存钱筒里的动作，等于是重复提醒自己存钱的重要性，也是让自己体验每天都变得更富有的方法。

“就算只是多一块钱，仍然代表你的财富在增加呀！”我每次都会用坚定的语气说出这句话。只要有钱存，今天的你就比昨天还富有。

不是吗？如果没有从一块钱开始累积，就不会有十块钱；如果没有十块钱，就不会有接下来的一百块、一千块，然后是一万块。由小钱累积到大钱的理财观念每个人都懂，却不是每个人都会认真看待一块钱的价值。

每天存点钱，训练存钱意志

准备存钱筒还有一个好处：训练大脑对累积财富的意志。

现代人好忙，忙着周旋工作的事情，忙着应付生活的变化，忙着在乎别人的声音，忙着去讨好不需要讨好的人，却忘记好好“照顾”影响一辈子的财富。大脑每天辛苦处理各式各样的资讯，回到家只好先把管理金钱这件事丢到一旁，久了之后，大脑就觉得存钱并不是优先要在乎的事情。

习惯总在不知不觉中影响事情的成果，其中一个就是你我的财富。

想要存更多钱，就要先增加大脑的存钱意志力。原因是，人的大脑对经常做的事情会产生“惯性”与“想要更多”的需求。

比如吃夜宵吃习惯后，为什么不饿还是会想吃？为什么去上班的时候不用思考就能走相同的路到公司？为什么不用在钥匙插入锁孔后想着该向左还是向右旋转？为什么很多人明明知道要存钱，仍旧克制不了购物的冲动？

也就是说，大脑对人的行为并不会区分好或坏、应该或不应该，它只会记录你做了什么。**就好像在纸上拓印，只要你常做一件事，大脑的印象就会越来越深刻，然后记起来、养成习惯**。大脑这么做是为了节省思考时间，提高效率，只是它可以拖住你，也可以让你成长，就看你如何训练它。

再来，大脑有时会对需求提出更多的“要求”。如同习惯吃夜宵后，睡前就算肚子不饿还是会想吃点东西。当你开始认真存钱后，你会越存越想存。

所以，通过每天丢钱到存钱筒的动作维持存钱习惯，可以说是最快又最简单的方式。试着做看看，找个能装钱的容器就好，当你每次放入零钱时，仔细去聆听零钱落到金钱堆的声音，那就是你财富累积的声音。

每天都感受一点财富正在成长的气息，能让人在迈向财务梦想的路上保持专注，即便梦想看起来离你还有一定的距离，但只要能够多存一块钱，都可以让想做的事更靠近你，直到实现的那一天。

每天存点钱，激励自己向前

家里有了存钱筒，也方便通过游戏化的方法激励自己存钱。

2013 年开始，我在网络上积极推广“52 周阶梯式存钱法”，至今许多中文网络流传的工具与图片说明，都是我当初设计出来的。游戏规则很简单，起始的第一周存下 2 元，第二周存 4 元，第三周存 6 元，以每周多存 2 元的方式连续存满 52 周，最终一年就能多存 2756 元。

虽然平均算起来每月存不到 240 元，但是这种渐进式的“游戏存钱法”，已经推动许多原本没有存钱习惯的人开始存钱，好多人也反映这种存钱法既有趣又实用，甚至会邀请家人、同事或朋友一起完成这个存钱游戏。如果想提高挑战性，也可以每周改成递增 4 元、10 元，达成之后再将这笔钱用作投资、旅行基金或实现短期财务目标。

这个游戏最大的乐趣，在于要持续存满 52 周，因为大部分是用零钱来进行，所以存钱筒就更能发挥功效。通过定期把零用钱丢到存钱筒的方式，听到财富累积的声音，感受为梦想而努力存钱的过程，相信这些都能激起更多你对理财与实现梦想的渴望。

只要一个能装钱的容器就可以，不需要一开始求好心切而去买外观精美的存钱筒。矿泉水瓶、玻璃罐这些能从外面透视到金钱堆积的容器也很好，可以随时看见自己财富的增长。

每天存点钱，唤醒身体与大脑更多的存钱意识，推着自己在理财上走更远的路，才能实现更远大的财务目标。虽然只是一个存钱筒，但它绝对是实现梦想的好推手。

存更多钱的方法：把现有的钱管好

如果问你，一年花 6 万美元生活费算不算过度消费？嗯，对多数人而言应该是，但对一位年薪超过百万美元的职业运动员来说，那可是非常省了！如果拿他跟有的运动员相比，更是超级省钱在过生活了。

会赚钱，更要会存钱

莱恩·布罗依尔斯在 2012 年通过选秀入选职业美式足球队。对于美式足球运动来说，能够成功入选需要很好的评价，背后代表的当然是高额的签约金，还有多数人一辈子也赚不到的收入。

然而，“收入多”并不等于“财富多”。过去许多新闻都报道，世界各地的职业运动员，都有退休后生活费不足的困扰，很多人甚至需要申请破产保护。莱恩很早就有警觉，所以当他知道即将获得为数不少的签约金及年薪后，随即去寻求财务分析师的建议。他不希望自己跟那些新闻报道的球员一样，从球场退休没多久即破产。

财务分析师给莱恩的建议非常简单：追踪消费情况，了解生活需要的花费，然后做好预算。最终他跟家人计算出来，每年只需要 6 万美元的生活费，就可以将家庭照顾得很好，剩余的钱可以拿去做投资，为退休后的生活做准备。

他与其他球员很不一样，首先，他在 2015 年时开的车仍是 2005 年款的；第二，他会依照每月的预算上限去分配收入；第三，他除了专心在球场上打球，也花时间学习理财知识；第四，别人拼命花钱，觉得钱轻松就能赚到，他则拼命存钱，为了让自己与家人有更好的未来。也因此，他与其他球员不同，在球场上努力表现的同时，已经有稳定的投资计划正在为他产生更多的财富。

仔细观察，各行各业都有努力存钱与拼命花钱的两类人群，同样的工作收入、同样的生活环境、同样的经济趋势，长期下来两边的财务状况却产生难以弥补的落差。你是否跟我一样好奇，到底为何会存在这样的差异？

“心理账户”决定你的银行账户

通常能够存很多钱的人，往往有一个潜力很大的“心理账户”。让我举个例来说明：

阿强趁着年假打工赚到5000元，小光则是在年假期间买彩票赚到5000元，你觉得谁会先花光手中的钱？想必应该是小光！因为得到5000元的过程毫不费力，那些钱在心中的“分量”自然不同。

虽然两人得到的金额分毫不差，但重视的程度完全不同。这就是你我看待金钱的方式，**当心中对赚到的收入的认知角度不一样时，也会无意识地给予其不同的价值**，所谓“心理账户”即是如此。

1980年，经济学家理查德·塞勒率先提出“心理账户”的概念。他认为，除了像银行或钱包这种实际存钱的账户，人的大脑也会用不同的心理账户来分配手中的每一分钱，就算是金额一样，心里仍会根据取得方式与当下的心境，加重或减轻那笔金钱的重要性。好比在学生时期，花爸妈给的零用钱都不会想太多，但进入社会自己赚钱后，就会考虑各种生活因素。会有这样的差异，正是从不同角度看待手上金钱的结果。

说到这，重点也就出来了：为何明明每个月的钱都是辛苦赚来的，有人肯把钱存下来，有人却成为月光族，甚至让自己负债？关键在于，当薪水汇进银行账户时，你是把它们归入“勤劳账户”里，还是“犒赏账户”里。如果你把赚来的钱都用来犒赏，当然存不了太多钱。

挑战人性的存钱实验，竟成功让人多存一倍的钱

前述心理账户是讨论一个人有多重视当下赚来的钱，另一个影响人存钱的因素，则是如何看待把钱花掉的效益：到底是想获得一时的快感，还是留到未来以满足更大的愿景。

想象一下如果你身为父母，养育着嗷嗷待哺的小孩，现在要求你每次花钱时都要先看自己小孩的照片，然后思考小孩的未来，请问你会不会因此更节制？肯定会。

这就是行为经济学家迪利普·索曼和阿玛尔·奇玛做实验后的发现，虽然听起来有点折磨人，但光是在存钱的信封外面贴上小孩的照片，就能让原本存不了钱的人，三个月过后多存好几倍的钱。

从以上两个心理影响来看，决定一个人能不能存更多

钱，不仅跟金钱本身有关，也跟对手中金钱的价值判断有很大关系。

少花 5%，找到收支最佳平衡点

所以，回到老问题："该如何存下更多钱？"现在让我把这个问题修改一下，从更有行动力的角度来思考：

应该做哪件事，才能存下更多钱，让自己在未来实现更大的梦想？

其实，如果用心体会心理账户与花钱效益的重要性，你会发现只需要再做一件事，就能让自己存下更多钱，而且不需要增加任何的收入就能办到。

首先想象一下：你的前方有两个罐子，上面各贴着一个标签。左手边的是"存钱"，右手边的是"生活费"，每个月你都会将工作收入放进这两个罐子里。

依据"先存钱，再花钱"的原则，你要先将部分收入放进存钱的罐子中，然后再把剩余要花的生活费放入生活费的罐子里。存下比以往更多钱的关键，就是你放进生活费罐子的金额，要刻意比以往还少 5%，剩余的 95% 才是当月生活费。接着再把这 95% 的钱分成 4 笔来花，每周只能花 1 笔。

比方说，假设你过去半年平均每月需要 5000 元过生活，下个月就先分配 4750 元，每周约花 1100 元；如果你知道某一周会有较多的支出，比如要缴房租、房贷，就先把待缴的钱预留起来，剩余的钱再平均分成 4 周使用。重点是，假如过完一个月发现原来少掉这 5% 的钱仍然可以生活（相信我，一般来说都可以），那么下个月就再减 5%，直到你某个月发现无法再减少了，就开始维持那样的比例过生活。分配前你也不必烦恼会因省过头而让生活难过，如果月底真的发现生活费短缺，到时再从存钱的罐子里拿一些出来当生活费就好。

这方法已经帮助很多人找到存钱与支出的最佳平衡点，也因此存下更多的钱。如果你之前一直摸索不出该如何存更多钱，这个方法绝对可以帮助你。

从现在开始，一定要存下更多钱

存钱的困难，在于它不是数字上的加加减减而已。虽然存得少不完全是自身问题，有时大环境能提供的收入就是有限的，但我们可以先把自己能优化的部分加以改善，提早觉醒留下更多的钱，才能去实现更大的梦想、完成想要的目标，或是让家人过更好的生活。

从心理账户的角度也可以知道，**想存得更多，一定要在心中清楚刻印下会发生在未来且比目前大部分事情都还重要的关于财务梦想的事**，这样你才会愿意将钱留下来，才会把收入归类在心中的“勤劳账户”里，才会在意志力减弱时，还能够激灵一下，回过神来继续存钱。

“就从此刻开始，一定要存下更多钱！”这句话不只是口号，更是坚定你想管好金钱的决心，因为你知道未来有些事，比当下就把钱花掉，更为重要。

整理你的钱包，整理你对金钱的态度

市面上有很多教人如何整理钱包中的纸钞的方法，我也曾经试过好几种。有人收集特殊编号的钞票祈求累积财运，或是把其当作“钱母”期待它继续生财；有人要求钞票绝对不能有折痕，或是希望钱包里放的是新钞，若拿到旧旧的皱皱的纸钞就会赶快花掉。虽然方法不一定适用，但我从这些人的钱包中都发现一个共同点：放在里面的不论是纸钞、卡片或证件，都很整齐地排列着。

虽然以上这些方法我后来都没采用，但至今我仍保留定期整理钱包的习惯：每当我拿到纸钞时，都会把它们依照面额大小分开放，而且让每一面都朝向同一个方向。我会习惯这样做，是因为可以提醒自己要用心理财。

做法是这样的，我会刻意把钱包里的纸钞依面额由大钞到小钞排序，然后再分开放到不同的夹层里，一来自己打开钱包时，因为颜色整齐心情更好，二来在取用时也不会因为要拿小钞而误拿大钞，或是稍不注意连同大钞也抽出来，不小心“飞走”。虽然这种情况很少发生，但想想平时赚钱与存钱的辛苦，若是一个不小心而损失几张钞票，岂不是太可惜了！

虽然我不认为通过整理钱包就会变得富有，但我至今持续整理钱包的想法很单纯：一个人只要认真面对自己的金钱，就会认真看待自己的财务；一个人愿意整理自己的钱包，也会愿意管理自己的财富。

回想一下，你是否遇到过凡事都希望照着计划走的人，刚好居家的摆设也很整齐干净？或是说话条理分明的人，在工作中也井然有序？虽然这之间不存在绝对关系，并不是随性摆放物品的人做事就缺少计划，或是桌上堆满东西的人口语表达就不清楚，但细心观察同时具备这些特性的人，不难发现他们在人生不同领域中，也都有类似的坚持。

我在财务上的坚持就在这里：我希望能够把财务有条有理地管理好，希望梦想有计划地实现，希望辛苦赚来的钱不会因为一时分心而丢掉。也因此，我希望经手的钱能整整齐齐放好，借由每次把纸钞摆放整齐的动作，提醒自己要认真经营人生，特别是在理财方面。

关于整理钱包的习惯，其实我不是一开始就有。早期我也是随意摆放零钱与纸钞的人，就跟我房间的摆设一样随性！直到有次跟朋友聚餐，看到朋友突然将身上所有的纸钞都翻出来，重新整理后再放回钱包里，当下就引起我的好奇心。那时市面上并没有讨论钱包整理术相关的书，所以我好奇地询问他为什么要这样做，之后也开始注意周遭朋友对待钱的方式，才发现原来有固定习惯摆放纸钞的人比想象中还多！

自从有整理纸钞的习惯后，家中摆放零钱与钱包的地方，我自然也会定期整理。有趣的是，当我因为事情忙碌而较少关心财务时，家中摆放钱包的地方也会开始变乱，发票、零钱、纸钞堆在一起，甚至还藏有路边的广告单，看起来很杂乱。每当我注意到时，就会重新把那个区域整理一遍，整理完后也经常顺势打开电脑，检视自己的财务状况。

也许整理钱包的习惯，不是每个人都适用，就像有些人在工作上很谨慎仔细，生活上却时常粗心大意，这都只是个性影响而已。然而，我希望你从更在乎自己金钱的角度来思考，如果愿意把手上的现钞都视为重要物品对待，你一定会更在乎自己的财务状况。

换个角度想，你应该也有突然收到贵重的物品，或是拿到新手机，所以时时刻刻都想保护它的经验吧？因为你在乎它，因为它对你很重要，所以不希望一时的粗心而让它受损。换成是金钱的话，我们当然希望结果也是一样。这也是理财中有趣的心理因素，当你习惯整理金钱，也代表你周围的金钱时时处在你管理良好的氛围之中，理财也会变得更轻松。

下次你也试试，从更在乎金钱的角度来强化自己的存钱思维。你可以在出门前拿钱包时，依照以下顺序关心里面的金钱：

1. 确认纸钞是否依照面额大小放好。
2. 把纸钞图案都朝向同一面。
3. 若纸钞有折痕就顺手抚平。

你也可以在买东西找完钱时，立即依这种方式把钱收起来。前后用不到10秒的时间，就可以让你的钱每天都被“照顾”好。

自从开始培养整理金钱的习惯，每次我打开钱包准备付钱时，都知道我的钱正被好好地安置着，也因为我平常出门不会带太多的现钞，所以光从纸钞颜色就能确认钱包内大概有多少钱，这对于随时掌握自己身上的钱很有帮助。当然，最重要的还是管理好财务，相信只要你愿意“照顾”好自己的金钱，有一天它们也会给予你更多的回报。

存钱，为生活留下更多的喘息空间

每当我听到有人没准备生活紧急预备金时，都会为他们捏一把冷汗。

想象一个画面：你开着一辆汽车行驶在高速公路上，车速仪表盘的指针定在“200”的位置，从你的视线向前延伸，你跟前面一辆车的距离不到 1 米，那种感觉如何？你觉得出事的风险有多高？

嗯，就算前方那辆车笔直地往前，就算你方向盘握得再怎么紧，脚也稳稳地踩着油门且准备好随时刹车，很明显你还是在做危害自己生命的事，如果此时副驾驶座及后座正坐着你的家人，等于是把他们的生命系在一条随时会断掉的细绳上。

相信很多人并不会这样开车，可是，这却是很多人在财务路上的前进方式，没有在生活中预留缓冲的财务空间。

当你每天很努力，花很多时间投入工作、赚取金钱时，就像是踩着油门在公路上加速，你一直在往前冲，看起来也会准时到达财务目的地，不过如果你忽略在财务上保留紧急预备金，那就像你的车子跟别人贴得太近一样，稍微闪神，或是一个无法控制的突发状况，就会当场翻车，造成无法挽回的后果。

说到这里，我想起一个值得借鉴的例子。

小麦是一位在职场上表现很好的爸爸，收入算是丰厚，本身的专业能力也很强；虽然房子与车子还有贷款，但每月都准时缴款，剩余生活费也足够为小孩提供不错的成长环境，而且还为自己与家人买了好多保险。一切看起来都是那么顺利，旁人也认为以小麦的能力，肯定在未来有相当好的前途，他也很有自信能在职场上逐步升迁至高级主管的位置。以他当下的财务状况及未来潜力来说，虽然贷款还有十几年才能还完，但并没有很大的财务压力。

然而，生命中总有些事情是无法掌控的。因为经济环境急转直下，小麦任职的公司来不及回收扩张成本而出现亏损，原本以为所待的部门是公司的绩优部门，应该不会受波及，却意外得知也要裁员。不过主管告知小麦，因为他的专业能力与工作表现很好，所以他将被留任，只是奖金红利会大幅度调降。

换句话说，有资格留下来的人面临两条路可选：留下然后接受较低的薪水，或是离开公司寻找其他伯乐。难过的是，对小麦而言却只有一条路可选。

因为过往财务上没有太大的压力，所以小麦夫妇并未保留太多的紧急预备金。两个人细算一下存款，预留当年度小孩的学费、补习费及全家的保险费后，剩余生活费顶多能再支撑一个月，而且还是在省吃俭用的情况下。若是选择辞职而短期没找到更好的工作，到时最大的一笔支出——房贷肯定缴不出来。

小麦完全没有停下来喘息的空间，只好勉强答应收入变少的条件，但原本平衡的家庭收支状况，却因为这个无法控制的原因，开始出现入不敷出的裂痕。

我们都应该从小麦身上学习这个经验教训，因为如果他们先存好紧急预备金，就等于给自己足够的时间做选择。这也是只要我听到有人没准备紧急预备金时，都会很担心的原因。没有人可以保证世界会依自己想要的方式继续运转，没有人可以确定现在这份收入永远都领得到，没有人可以确定意想不到的财务冲击何时会发生在自己身上。

拥有一份稳定工作确实可以减少财务上的压力，若是在大企业上班就更有保障。然而，英文中有句感叹词："Who knows？"谁会知道是明天先到还是意外先到？谁会知道由公司掌握的收入来源何时会消失？况且，通常收入越稳定的人，家庭收入来源就越集中在同一份收入上，自身的财务状况也越容易依赖那份稳定收入。这就像在水泥地上盖一栋建筑结构完整的房子，可是那片水泥地的下方，只是由一根大钢柱支撑着。它或许不会倒，看起来也似乎很稳固，但谁知道呢？

每个人都要在财务中留下喘息的空间，才能在面对突发的财务困境时，有能力选择对自己有利的选项。如果小麦当时有足够的紧急预备金，加上他的专业能力与职场资历，就有足够的时间去寻找适合的工作，搞不好还因此找到薪水更高、发展机会更大的工作。

为自己留下更多的选项

因为存钱而拥有财务缓冲空间的另一个好处是：为自己留下选择的权利。

2008年，我的右眼肌肉处的小血管意外堵塞，出现"视神经中风”的现象，顿时我失去了控制右眼往右看的能力，工作也因此被迫暂停，生活出现极大麻烦。

虽然眼睛幸运地在一个月后恢复正常，但我直到现在仍心存余悸。当时医生告知，若是超过六个月没有复原，我的眼睛将会终生如此，而且医生也无法确定是否能在六个月内复原。

经过这场突发事件，也让我更加确定紧急预备金的重要性。虽然一个月后我就回到职场，但在眼睛没复原前，我并无法确定是否还有工作能力。好在当时已经有足够的预备金，让我可以安心在家休养，否则除了烦恼眼睛的问题，还要考虑生活费的压力，很难说是否会对健康造成二度冲击。

除了面对意外时的选择能力，还有另一个选择能力也很珍贵，就是可以在较少的财务压力下，暂时离开职场，思考自己真正想做的事。虽然持续在工作中力求表现相当重要，但也有很多人因为投入太多时间在工作上，而忘记心中真正想追寻的人生目标。

喜欢上班的人是少数，我想你应该不反对这点。根据盖洛普民意调查机构在 2013 年的调查，10 个员工里面大约只有 3 个人乐于投入自己的工作。你也许会想：“哇！怎么可能有那么多人？我周围没有一个不抱怨自己工作的。”你说对了，若把调查范围扩大到世界 142 个国家，乐于投入工作的比例只剩 13%。如果将范围锁定在东亚，在 20 个人中才能找到 1 个乐于工作的人。

能随心所欲从事自己喜欢的工作，确实不容易。图个温饱当然重要，但若有机会可以从事令人开心的工作，那真的很棒。

虽然大部分人很难像电影情节一样，放自己一年以上的假期去发掘自我，但我相信每个人都需要一些缓冲空间，才有机会寻找乐于投入的工作，并且找到真正的自我。

所以，在还有能力时努力存钱，其实就是在为自己保留更多的喘息空间。**当你多存一块钱时，也就是在为自己的未来加上更坚固的保护网，或是创造更多的可能性**。也许有天出现你一直向往的机会，但需要你暂时离开职场，或是先接受较低的起薪时，你过去在存钱上所累积的努力，就会变成强劲的后盾，支持着你去选择真正想要的人生。

持续存钱，就能解决金钱问题

我有少年白，初中时头部两侧就开始长白头发丝，步入社会后白发的量也越来越多，所以我偶尔会染发，希望自己看起来不要超龄太多。

某次在用染发剂时，右手指甲不小心沾到颜色，当我发现时，染料已经渗透到指甲表面以下，怎么洗也洗不掉。指甲上多了一条明显不搭的颜色，让我觉得有些困扰，感觉好像手没有洗干净，不过久了之后也就渐渐忽略了。

忘记是过了几个星期，某次我在修剪指甲时，才注意到指甲上被染到的痕迹已经快被剪光。然而，我的印象却还停留在指甲刚被染到时的样子，感觉指甲似乎在一瞬间就自动恢复了正常。

人很少会去留意自己指甲生长的速度，因为它长得慢，一两天也看不出太大变化，但相信不少人也有类似经验，就算指甲沾染到洗不掉的东西，那部分也会随着指甲的生长不断被往前推，直到被修剪掉。

虽然这只是生活中微不足道的小事，但我从中领悟到：**只要专心于持续成长，很多原本困扰人的问题就会渐渐消失**。

理财这条路也是如此，只要你持续地存钱，很多问题的影响也会开始缩小，然后消失。

常有读者来信向我询问理财问题：有些人是负债，有些人是入不敷出，有些人则是担心退休后的生活，每个人的问题都不尽相同。虽然我会依照个别情况给予专属意见，但到最后不难发现，其实我给的建议就是多存钱。

存钱的过程虽然缓慢，但只要稳定地存下去，长期下来就会有令人讶异的财富增长数。当你开始存钱后，你也会慢慢找回原本忽略的金钱观念。人最可贵的地方，就是会想持续提升自己，当你开始存钱，你就是启动了自己想要成长的本能，解决问题的信心也就会跟着变强。当你成长了，问题也就越来越小。

存钱可以比花钱更快乐

回顾我过往的财富增长经验，一个关键的转折点是：我发现存钱可以比花钱更快乐。

“别闹了，花钱比较有趣。”

“你是认真的吗？”

我不否认，花钱真的很有趣：买想买的东西，吃好吃的美食，去想去的景点，都可以带来不同的体验。

但是，存钱仍然可以比花钱有趣。**差别在于，花钱经常是满足一时的欲望，而通过存钱，才能实现心中的梦想**。当你清楚知道为什么而存钱时，累积金钱的过程会在生活中产生极大动力，会让你想要变得更好。

想变得更好，一直是人成长的动力来源。

当你预期自己有极大机会升迁时，心情会是兴奋的；当你知道即将有小孩时，眼睛会是发亮的；当你计划要出国旅行时，工作动力会提升。同样的，当你在为梦想存钱时，你知道控制花费只是短期的过程，长远的更大的快乐，都会在实现梦想时产生。

存钱，就是存下未来梦想；持续存钱，就是持续朝梦想前进。也许在控制消费的过程中会感到些许无奈，也许无法随心所欲花钱时会觉得煎熬，但别忘记，这一切都是为了换到更大的奖赏，都是在准备收获更美好的礼物。存钱，它真的是一件快乐的事，因为实现梦想的路就在你脚下。你坚定地往前，你耐心地踏步，梦想就会越来越近。这样一步步让美梦成真的过程，是一种快乐，令人期待！

提升你的满足感，将钱花得更值得

我习惯在家做饭，不过忙起来时，在外面吃还是比较方便。以经验来说，每当住家附近新开一家餐厅，只要味道不错，接下来几个星期我就会常去光顾，可是几个月后，去的次数就会开始减少，直到某天才突然想起，好像已经很久没去那家餐厅用餐了。

再好吃的美食，每天光顾也会变得不好吃。我想很多人都有一样的体会。

人的满足感就是这样，它通常只有相对值，没有绝对值。我们都听过这句话："人呀，是无法满足的动物。"从字面上来看，是形容人贪得无厌、永不知足，然而大部分人在日常生活里，对满足感的追求并非无穷无尽。

人的感官是边际效应的信徒，对一件事情麻木，也就是指边际效应降到极低的时候。因此，如果想持续获得满足感，势必要不断地加大投入。以物质需求而言，等于要不断花钱让自己买到更棒、更潮、更时尚的物品，心中才会觉得满足。

不过如果是这样，那可就跟上瘾一样。

所以，如何把钱花得更值得，同时让自己存到钱，就在于你如何选择。**方法之一，就是认清满足感没有绝对值，不会有极限，想花钱花得更快乐，就要刻意创造满足感的相对落差**。

好比我喜欢品尝美食，为了在有限的预算里增加味蕾对食物的感受，我会刻意把吃的周期拉长，让每一次的感受都更深刻一些。我要强调，这样做并非为了省钱而克制吃的欲望，事实上我是考量到其他的存钱目标，如果我把钱都集中花在吃美食上，不仅每次享受到的味觉满足感会快速下降，同时还减少了把钱花在其他事物上的乐趣，岂不是两边都有损失?

此外，我也会通过“累积”的方式，在平时选择吃得简单一点，过阵子再去挑选评价非常高的餐厅，品尝所谓的星级美食。如此一来，不但可以扩大人生体验，还能增加生活的满足感。虽然单独吃一餐的费用很高，但整年度的总餐费并没有增加，甚至比多数人一整年的餐费还低。

不满足，是因为喜欢跟别人比

心理学家为了测试外在环境是否会影响人的感知能力，找了一家咖啡馆进行实验。工作人员将上门的客人随机分成两组，A 组客人拿到的是正常尺寸的杯子，并且装满咖啡；B 组客人则拿到特制的大杯子，相同的咖啡量，但在大杯子里只有七分满。

猜猜看，哪组客人会觉得钱花得比较不值得？你一定能想象，因为视觉落差，B 组客人普遍认为店家少给自己咖啡。这就是“比较”的差异如何影响人的满足感。

再来看另一个例子：

A 先生是知名院校的硕士毕业生，几年前以起薪 1 万元

进入公司，在新进同仁中属于较高水平。某天他参加高中同学会，闲聊中听到有位同学从国外求学回来，第一份薪水就从 1.3 万元起跳。那晚回家后，A 先生心情有些糟，隔天上班也心不在焉。

B 先生毕业后留在家乡某工厂工作，起薪 6600 元；两年后，因为工作认真而升为组长，薪水变成 9000 元，在同事中算是很好的薪资。当晚他约了朋友到饭店庆祝，隔天上班也比以往更有精神。

以数字来看，照理说 A 应该比 B 快乐才是，但在现实生活中却经常相反。这种情况可说是无解的，因为人原本就是爱比较的动物，就算再怎么淡定，也摆脱不掉想比较的基因。

然而，那不代表我们的心智就要任由它摆布。

羡慕别人收入高？这想法再正常不过，但我们不需要在心生羡慕后，还推自己一把，掉到负面情绪里，开始否定目前拥有的一切。除非真的放弃，不然你现在的成就绝对是“比下有余”。

不过，我并非要你抛弃上进的积极心，只用消极态度看待人生。**要知道，追求更大成就的挑战与追求无止境的比较是完全不同的事，一个是从内在找到满足，一个只能靠外在**

麻痹自己。

一味跟别人比较，很少会对自我成长有正面助益；比较通常包含负面情绪，只会让你觉得更不满足。如同把黑色颜料画在黑色的纸上，根本不必期待有任何改变。

前面说过，追求财富就像爬山。当你爬到一座山的顶峰时，你会发现远处有另一座更高的山头。你当然可以继续挑战，对目前的财富不满意，就继续努力往上爬，但不要计较谁与谁现在站的山头高，那可是永远比不完。倒不如在爬山过程中欣赏自己走过的路，享受已经收获的成就，依计划确实走好每一步路。

先计划，钱就能花得快乐又满足

话说回来，想追求更强的满足感仍然是人类进步的动力，我们不必否定汲汲营营的态度，但若一心只想过更奢华的物质生活，赚再多钱也不会快乐，换再大的房子也无法开心，开再好的车也很难高兴。

富有，不只是金钱上的富有，我们也需要心态上的富有。可以的话，你应该为自己创造更棒的花钱乐趣，在存钱或追求收入增长的过程中才会快乐，也不会因过度比较而让自己感到贫穷。另外，因为心里明白追求的是更高品质的满足感，就不会在省吃俭用的存钱阶段产生不平衡的心理，如此一来，即可真正拥有能花又能存的快乐。

接下来怎么做

太好了，目前我们已经学到存钱该避开的盲点，知道拥有梦想可以加快存钱的速度。接下来可以做什么呢？很快我们就要进入财务优化的 6 个步骤，在此之前，我们要先打下良好的财务基础，掌握几个重要原则，让存钱计划进行得更轻松。

下一章你就会学到重要的 10 个理财守则，每一个都经过长时间的验证，每一个都可以让你在理财进程中站得更稳。赶紧进入下一页，让我们从如何让财富持续增长开始吧！

第三章

稳健——你一定要懂的10个理财守则

理财守则 1：
别让支出大于收入

电影情节，开场常有个串起整部戏的重点，但又不能让观众看得一头雾水。所以，我要分享的第一个原则简单又好懂，但其重要性绝对不能忽视，因为如果连守则 1 都不能实现，那么所有的理财成效都会因此打折扣。这个首要原则就是：

别让你的支出，大于你的收入。

没错，就是如此简单！但千万不要轻忽这个原则的影响，很多人就是不肯把它的重要性随时记在心上，所以才一直过着入不敷出的生活，不断拿自己的信用向未来借钱，把自己推入更深的债务迷宫里。

此外，有些人就算不会向未来借钱，但每月仍然过着赚多少就花多少的生活，银行存款始终停留在差不多的数字。

这种缺少计划的金钱习惯，虽然当下没有麻烦，未来仍可能越过越贫穷。

最后也别忽略，人生不同阶段都有不同的金钱需求，就算你现在的花费都控制在收入以下，日后家中还是可能因为出现新成员，或是为了买车、买房而支出激增，让你的收入在不知不觉中无法应付，而一步一步走向财务困境。

再强调一次，不论你现在的处境是好还是坏，一辈子都要遵守支出不大于收入的原则。

支出必须小于收入的 5 个好处

单纯从数字来说，要累积财富，就要有结余，所以支出当然要小于收入。但这只是表面结果而已，遵守这个原则带来的好处有很多，请看以下整理出来的 5 个好处。

好处 1：你的财富只会向上增长

想在财务上持续增长，前提是要去做能够累积更多财富的事。累积金钱的过程，在每个人身上都一样，不是增加越来越多，就是减少越来越快，没有中间值！而前者代表迈向富有，后者则代表走向贫穷，甚至负债。所以，只要持续让支出小于收入，就是在远离债务或累积更多存款，不论何者财富都是向上增长。

好处 2：你将成为一个存钱者

一旦你坚守这个原则，每个月就有更多的钱可以用，这种存钱者心态有助于累积更多财富。比方说你现在有贷款，那么每月多留下来的钱将可以让你提前偿还本金；若你已是零负债，每月有多余的钱将保证日后不需要借钱过生活，两者都会让你锻炼出更强壮的“财务体质”。

好处 3：你的未来只会越变越好

虽然不会是一瞬间就实现，但如果你在每次领到薪水时都留一些钱下来，你的未来将拥有更多机会，生活各方面也会因此变得更好。你将摆脱每月被账单追着跑的日子，也会有能力事先计划未来的重要支出，进而开始通过存款去投资理财，加快实现财务梦想。

好处 4：你手中握有更多选项

想想看，搭高铁跟搭普通火车有什么不同？有些人说能节省时间，有些人则认为要付更贵的票价，显然时间跟金钱是天平的两端，无法两全。

坐高铁可以节省很多时间，虽然票价也高出不少，但你却因此得到更多的无形资源——更舒适的空间，还有更充裕的时间。从别的角度看，如果你没有足够多的金钱，也就没有机会选择搭高铁，必须耗掉更多的时间到达目的地。

因此，当你开始在收入跟支出间产生结余时，等于是保留更多的选项。日后你可以选择用金钱去换到更好的资源或物品，或是持续保留金钱，而不是被迫没得选择。

好处5：你会充满更多动力

人就是这样，当你对未知的事情感到害怕，马上就会反应在你的行动上，开始犹豫不决，或是拖延、不肯前进。反之，当你有信心面对未知的事情，你对未来会充满期待，心中就拥有更多安定感，接着对生活与工作也会更有冲劲。你将更专注于目标，更乐于承担压力并接受新的挑战，进而为你带来更多的收入，然后重复下去。一切的开始，都只是因为你坚守住“别让支出大于收入”这个原则。

虽然要让支出小于收入并不困难，不过如果你懂得再把握下一个守则，将可以让自己有更多的钱可存。要持续拉大收入与支出之间的差距，学会在维持必要生活品质的情况下，花更少的钱，以及在现有的工作中，增加更多的收入。

理财守则2：
专注于存下更多的钱

想要存下更多的钱，在我过往的理财经验中，我学会专心做好这两件事：

花掉的钱要尽量少。

赚到的钱要尽量多。

又一个简单的道理，是吧？一个是减少支出，一个是增加收入，两边的距离越大，你能存下的钱当然越多。然而，我会将其视为重要的理财守则，是因为事情要成功，必须先专注在对的事情，才会有对的结果。

想存更多钱，我遇到过不少人的唯一答案是："那收入要先增加。"这回答没错，但还可以更好。因为若只专注在增加收入，支出很有可能也会跟着增加。同样的，如果你专注在减少支出上，也可能让收入长期停滞不前。所以最好的做法，还是专注于存下更多的钱——不只是减少支出，也要想办法增加收入。

不过，我们还是应该先追求比较有效率的方法。对多数人而言，我的建议是先想办法把花掉的钱变少，之后再想办法让赚到的钱变多，如此就会开始创造正向循环，将之间的差距越拉越大。

如何减少支出

若你从未试过，那么当你把每月花钱的项目与金额都列出来时，应该会被结果吓到！原因是，我们很容易就把钱花在不必要的地方，而且还是在不知不觉中。

想减少支出，揪出非必要花费是最快的方法。试着检查这个月花了多少餐费、用了多少油钱、花了多少电话费、上网买了多少东西，然后一项一项确认其中有哪些是必要支出，哪些又根本是不需要花的。若真的是必要支出，就问问自己是否有其他替代的方法。

好比在外面吃饭，可以选择在餐厅吃，也可以选择在路边的小店吃，虽然前者听起来是“高大上”了点，但你难以想象长期下去会增加多少餐费。更棒的做法是，把早餐或晚餐改在家中吃，说不定又能省下更多的钱，还有机会吃得更健康。

当然，并不是每个人都有时间或场地能在家开伙，举这个例子是要给你一个方向思考支出的替代方式，激励你在维持必要的生活品质下，省去不必要的开销。千万别小看定期检查花钱项目的好处，还记得第一章提到的小雨的例子吗？她就是通过这样的流程每月多存了几千元。

如何增加收入

对大部分人而言，增加收入最“长效”的方式，不是创业，不是把握什么难得机会，而是做好你现在的工作。当然你也可以选择兼职，只是一般来说除非是短期、非常紧急需要用钱，或是深陷严重的债务里，非得兼职才能走出财务困境，否则学习如何增加竞争力，才是提高收入最稳当的方法。

虽然这没有捷径，而且增加职场技能也不是本书的重点，不过我在这里可以给你推荐3个方法，它们在我身上都发挥了极大的效果，让我的收入从第一份工作开始，就持续往上增长。

方法 1：强化解决问题的能力

职场就是一个考场，考验着你有多大的解决问题的能力。在同事之间，只要你有能力解决问题，就有机会承担更大的任务，而更大的任务也代表更多的收入。

不论是下班后进修增加职场竞争力，或是在公事上多主动思考解决方法，这些都是在强化问题的解决能力。只要持续往这个方向努力，你就能创造出更好的工作成果。

方法 2：提升工作效率

通常是这样，相同时间可以完成更多工作的人，在主管眼中会更有价值。只是除了年龄、体力跟家庭因素外，每个人一天能投入工作的时间差不多，所以如何做好时间管理及保持专注力就很重要。

别小看上班偶尔发呆、看手机或闲聊等无关紧要的事，这些都会耗掉你的注意力，要重新回神处理手上的工作也需要花时间。也许短暂的分心不过 10 分钟，可是经过每天、每月、每年的累积，就会变成薪资单上的数字差异。

此外，选择做对的事情也很重要。还记得那句老话吧？

“不仅努力工作，更要聪明工作！”因此在你开始埋首工作前，先拨出10分钟规划当天要做的事，把优先顺序排出来，挑重要的事先做，很快你就会感受到自己的高效率，然后充实过完一天。

方法3：学习可外带的能力

在过往工作经验中，我一直很重视可以“跟着”我的能力，事后证明这个观念太重要了！直到现在，我过去在职场中学到的技能，仍然会给我很大的帮助。

你或许好奇，什么是可“外带”的能力？看得见的像简报能力、外语能力、人际沟通能力、专案规划能力等；看不见的像独立思考能力、从主管角度分析事情的能力，这些能力不管在哪种职场、何种职位，都是能立即套用的技能。只要你开始从现有工作中学习可以“带着走”的能力，随着时间的累积，你就会培养出专属于自己的独一无二的能力。

这就是守则2的重点，专注在扩大收入与支出之间的差距，是存下更多钱的最好的方式。如此你才能为自己建立越来越厚实的财务堡垒，开拓越来越光明的财务隧道，之后在运用其他理财守则时，你的起步也会变得更快。

理财守则 3：凡事都要先支付给你自己

如果你想在财务管理上成功，想如愿获得财务自由，想在有限的收入中累积更多财富，希望你永远都记住这 7 个字：

先支付给你自己。

凡事都先支付给你自己，没有例外。从理财的角度来说，当你获得任何一笔收入，都要先想到自己的口袋，而不是其他人的口袋；将要储蓄的钱先隔离出来，剩余的才是要花的钱。把握先支付给你自己的守则，前面两个理财守则也会更容易实现。

然而，先支付给你自己的“威力”不仅如此。没错，我特别用引号来形容它是威力，而不是单纯所谓的好处而已，因为这个守则产生的影响将会是连续性的，一环扣着一环，一次又一次让你的财务状况变得更好。

为什么先支付给自己那么重要

原因1：聚焦在正确的事情上

这样的经验你应该有过，当自己在烦恼一件事的时候，心情就会完全被那件事给吞没，然后越想越觉得那件事情很严重，结果变得心不在焉，接着就更容易犯错，或是睡不着觉。起初只是心理上的影响，但反应到外在行为时，就开始把影响放大。我们在日常行为上是如此，在金钱的行为上也是如此。

因此，先支付给自己是要聚焦在这件事上：**留下更多的金钱在身边，现有的钱才能帮你带来更多的钱**。

原因2：减轻存钱压力

我们来看一张图（下页）。图A与图B显示的收入都是100元，但有两种不同的支付方式，差别在图A是先支付给自己，图B则是先支付给别人。想想看，哪种方式会让人较愿意存钱？

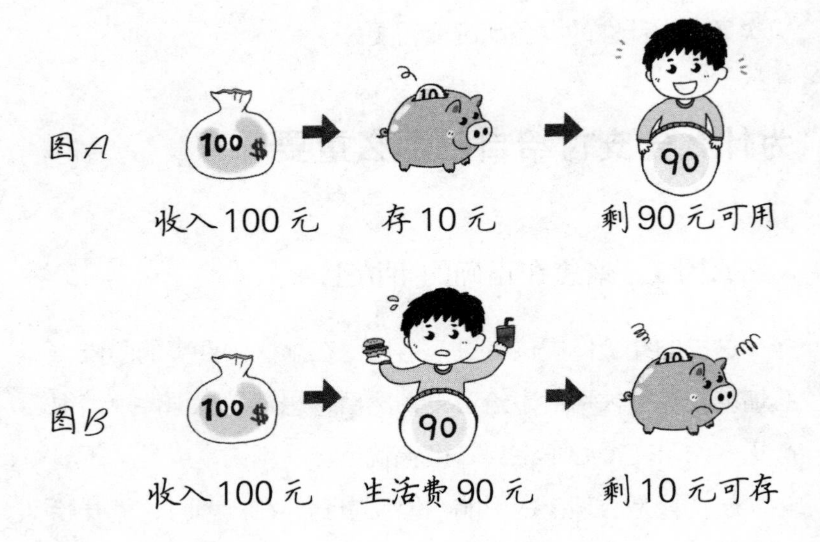

是的，就是图 A。因为你是在有钱时就先把钱存起来。

当你有 100 元时，先存 10 元，心理上压力较小，而图 B 是你原本有 100 元，东扣西扣之后只剩下 10 元可以存，要把身上仅剩的一点财产都留存起来，考验意志力的程度可以说完全不同。

人的心态就是这样，如果在领到薪水时就先支付给别人，最后会因为觉得收入都快花完，更加深自己缺钱的痛苦感。若是趁领到薪水时就先把钱存起来，存钱的压力会减轻很多。

原因3：得到更多的满足感

因为先支付给你自己，所以能花的钱一定比收入还少，这会引导自己思考如何妥善运用剩下的钱。你会更积极地控管支出，更主动地取舍哪些东西不该买。

虽然想花就花的感觉比较快活，但那种快乐只是短暂的，而且无形中会花掉原本不该花的钱。采用先存钱再花钱的顺序，才会把钱花在更值得的地方，长期得到的满足感与快乐就会更大。

原因4：照顾好最重要的资产

最后一个原因，或许也是最重要的原因：因为“你”是这辈子最重要的资产。所有的收入都要靠“你”来产生，所有的金钱也要靠“你”来管理，跟那些日常生活支出相比，你才是最重要的，所以不先支付给你自己，实在说不过去。

证明你能拥有更多的财富

先支付给你自己也代表做到一件事：你在财务上展现出自律的能力。想想为什么滴水能穿石？就是因为日复一日的水滴从大石头上持续地带走沙石，长期才有穿石的可能。如果水是偶尔才滴一次，或是滴的方向时而偏左、时而偏右，就等于人在金钱管理上缺少自律，财富的力量将无法集中，没办法汇聚金钱去投资。

此外，失去自律也可能让你掌握不住现有的财富，结果只能是好不容易存到一笔钱，却因为冲动而花掉，或乱投资而损失。所以，你要先学会管好现有的钱，凡事先支付给你自己，才有机会管理未来更多的财富。

如何先支付给自己

第一，你要做的是学会分配收入，将存钱账户跟生活费账户分开管理，因此你至少需要两个以上的账户或放钱的地方。之后每当收入进来时，就立即将要存的金额转到存钱账户里。这些专门存钱或投资理财的账户，可以是为了这些目的：财务自由、退休养老、自我成长、教育基金，或是未来要实现的梦想。

第二，设定如何分配收入后，接下来在每次领到薪水之前，先建立好自动存钱的系统，让系统去帮你存钱。好比公司每月在固定时间会将薪资汇到你的银行户头，这时就可以先设定好网银预约转账，让薪水自动转存到存钱账户里，直接把财富先留在自己身上，剩余的钱就可以放心当作日常生活费使用。

如果你不习惯网银预约转账，也要记得在第一时间就用手动转账的方式把钱转存过去。如果公司是发放现金，就直接把该存的钱用薪水袋分装起来就好。**总之，就是要先把该存的钱分配出来，让自己在日后花钱时，不用思考该不该省钱这个令人挣扎的问题**。别忘记，如果你总是等到钱花掉之后才想存钱，是很难存到钱的！

先支付给你自己，先守住你的财富

要做到先支付给你自己并非容易的事，对于被债务缠身或收入不够的人更是极为困难，这也是为何还需要其他理财守则的原因。不过关键在于，你一定要把这个观念深植心中，让它变成你在金钱上的潜意识，这样不仅可以在其他守则上发挥更大的效果，你也会更快实现梦想，并且持续守住努力得来的财富。

理财守则 4：一辈子都要远离消费型债务

身上有债，人老得快。虽然我是用幽默来劝大家远离债务，但其中也包含了不少事实。当一个人身上背着债务，每月收入中注定有部分要被银行或债权人拿走，这种背后被还款账单追着跑的压力，只会让人对生活失去动力，也让自己一直在为金钱工作，而不是让金钱为你工作。

为何你该远离消费型债务

原因 1：不该成为银行的金钱奴隶

贷款，其实就是在跟未来的自己借钱。当你签下合约，虽然马上就拿到一笔钱，但接下来数月到数年的时间，你的收入已不完全属于你。接下来的还款期也等于在为银行工作，而且不能违约、不能失业或休息不工作，人生完全被绑住，成为金钱的奴隶。原本当初办的是贷款，但背后其实是用未来的自由先交换金钱，还要因此多付利息。

原因2：负债会带来更多负债

就像拥有金钱会为你带来更多金钱，负债也会为你带来更多的负债。一个人会被债务缠身，往往是过去收入或存款一时不够才借钱，之后又因为多了利息支出，原先的收入就更显得不够，此时若再度发生某种意外，比如失去工作、汽车维修等，就需要借更多钱来支付，甚至是借新债来还旧债的利息，因此越陷越深。

原因3：零负债让你拥有金钱主控权

相对于身陷债务，零负债的人在金钱上有绝对的主控权，可以自由运用手中的钱，工作收入也完全属于自己。虽然贷款可以让你在短期内得到大笔金钱，但终究要偿还，倒不如事先计划支出，只要经过的时间够久，你还是能通过存钱累积出一笔大钱。

原因4：负债会让你失去投资致富的机会

身上有消费型债务，财务就没有足够的安全感，承担投资风险的能力可说是完全不同。

以发生金融危机来说，当全世界股票跌到最低点时，此时一个身上有还债压力的人，与另一个财务管理良好的人，哪个人会比较慌张？拿闲钱投资跟拿应该要用来还债的钱投资，何者比较敢危机入市？

在背负消费型债务的情况下投资，就像左右手各拉着一条绳子，两边都要出力，结果让你更快耗尽心力，不少人都是因此投资失利，背上更多的债务。

四种常见的消费型债务

至于常见的消费型债务有哪些？以下 4 种需要提防：

信用卡卡债

虽然卡债的金额通常只有几千元，却是让很多人身陷财务困境的凶手。因为金额小，一开始不痛不痒；因为一刷就有，所以在购物时诱惑力变大。当你盯着眼前吸睛的商品时，知道就算钱不够还是可以刷卡带走，没有金钱自制力的人通常很难抗拒诱惑。

请记得前面所说：负债常会带来更多负债。如果你在刷卡的当下并没有足够的现金支付，就等于是在借钱消费，也因此一脚踏进债务的世界。

汽车贷款

买车需不需要贷款？恐怕不少人会说“当然需要”。然而，这正是阻碍现代人致富的金钱迷思。

以汽车来说，总价不像房子动辄千百万，符合多数人需求的车款也在数十万以内，若只是代步并考量安全性，十几万元的车就能符合，而且这还是指新车。当然，如果光看总售价，一下子要拿出那么多钱确实要有财力，但关键也就在这里，如果你真的需要一辆车，只开两三年且低里程的二手车同样能满足需求，如此一来，你可能只要存不到 3 年的钱，就足以把一辆车开回家，而且之后不用付给任何人利息。

如果是用贷款买车，往往会感觉钱来得特别容易，稍微把持不住就会被最新车款的外表与功能给迷住，接着购车的预算就开始往上涨，最后买进超过实际需求的车子。

对于有购车需求的人，不妨退一步思考，是否一开始就要买那么好的车？如果能用现金先买一辆符合基本需求的车，不论新车或二手车，日后存到更多钱时依然可以转手换一辆更好的车，这种依阶段需求用现金买车、换车的概念，虽然跟现今贷款买车的消费习惯不同，却是保证个人财务更稳健的方法。

个人信用贷款

个人信用贷款（以下简称信贷）可说是标准版的“预借薪资”。办理信贷时，银行最在乎的就是个人薪资收入，可借贷金额通常也以固定薪资的倍数来决定。某种层面来说，等于银行先代替公司支付薪水，每月再从你身上吸走一些利息。

好吧，我知道需要办理信贷的人，通常都有非借不可的因素，但我希望在那些因素发生之前，你可以先存到足够的紧急预备金，先一步解决风险，而不是让风险控制你。

助学贷款

除了房贷，办理助学贷款的理由也很正当，毕竟教育对一个人的影响真的很大。但还是要提醒，**千万不要因为助学贷款利率低，就认为不用提早还清**。记住，用最快的速度降低每月还款金额，就是在用最快的速度把未来的自由买回来。在你把助学贷款还清后，手上才会有充裕且稳定的资金去理财，而不是背着还款压力去进行更高难度的投资。

不论你现在身上有没有债务，如果你愿意远离消费型债务，你就是在迈向正确的理财方向。这个世界到处存在金融陷阱，稍不注意我们就会深陷财务困境中，其中消费型债务就是阻碍你致富的敌人。无论如何，我们都要远离债务，让自己站在稳固的基石上，稳当地构筑心中的梦想。

理财守则 5：
让每一块钱都有份工作

许多人都有类似经验，期待已久的假期终于到来，打算好好放松充电，整理平常没空归位的杂物，看几本书，或是跟许久未见的朋友聚餐。然而真的开始放假后，假期第一天就只想赖在沙发上看手机、看电视，提不起劲儿去做原本规划要做的事。这种状况会持续到假期结束的前一天，这时候你才发现这次难得的假期又过去了，而那些原本该做的事还是一样没做完。

某次跟朋友 K 聚餐就聊到类似问题。

那是下班后的某个夜晚，K 因为工作压力产生想要离职的念头。他提到最近有股强烈感受，觉得自己越来越不认识自己，每天加班回到家都超过晚上 10：00，失去休闲时间让他开始舍不得上床睡觉，接着便影响到隔天的工作状态。

聊了十几分钟，眼看 K 苦水吐得差不多，我随即切入话题。

“那你每天回家都做什么？”趁着K还没陷入抱怨圈，我抛出这个问题。

“就躺在沙发上，打开电视然后上网。”

“假日呢？”

“也差不多。工作累死了，所以利用放假补觉，睡醒就出门找东西吃，回来就看DVD或上网、看电视。”

“难怪，如果平时工作累得半死，晚上回家跟假日又都在放空，你当然会越活越没力。”

没等K接话，我继续说：“人要活得快乐、过得充实，我的经验是一定要提前安排休闲时间，有计划地把时间用在自己身上，而不是漫无目的地消耗它，这样在生活和工作中才能找到更多动力。”

“要有计划地用时间，”我再次跟K强调，“一定要有计划地运用时间，这样你才会觉得有足够的时间。”

没规划，金钱跟时间一样永远不够用

跟K聊完，在回家的路上，我想到不仅是时间管理，在金钱管理上同样要有计划地存钱与花钱，否则永远会觉得钱不够用，永远不知道钱都花去了哪里。我经常用这句话提醒大家：

如果你不知道你的钱去了哪里，通常就是到别人口袋里去了。

钱，就跟我们人一样，必须要给它清楚的方向，赋予它明确的任务，告诉它该如何累积，这样钱才会真的为你工作。否则只要你一忙起来，你的钱就会不知花去何方，然后觉得钱不够用。

不妨回想，当你的工作压力变大，生活变得一团乱时，花钱的速度是否好像也变快了？对买东西的欲望更把持不住？或是忙起来没时间记账，结果当月支出也莫名变多？其实这都是正常现象，当一个人身心疲累时，意志力就会开始变弱，只想追求短期的欲望而不理会长期真正有益的事。

但你知道的，要取得财务管理上的成功，往往都是在长期那端分胜负。

有计划地存钱，有计划地实现梦想

如同棒球场上不能只有投手，还需要补手、游击手、教练等各司其职，球赛才打得起来，比赛才会好看。而人生不同阶段也有不同的金钱需求与梦想，日常花费中也有伙食费、交通费、保险费、学费等开销，如果没有事先安排这些支出，某些需求就会被遗忘。结果，那个最常被牺牲的事，通常正是远在好几年后，需要时间准备的财务梦想。

大脑容易分心是天生设定好的，为了生存下去，它不能专心于一件事太久。想想，如果你开车在高速公路上，眼睛盯着前方的车子以保持距离，突然右手边有辆车子靠过来，而你的大脑却跟你说不用担心，不需要做出反应，那将是多么危险的事！只不过，也正是这种随时要分心的天性，让我们更容易被短期可得到的事情诱惑。

“可是做人就是要快乐，不是吗？”

“未来重要，但先顾好现在才是嘛！”

好吧，虽然这样自我安慰心情会好些，毕竟为了十多年后的事情就要牺牲现在的生活品质，确实让人提不起劲。**然**

而，现在发生在你我周围的事，很少是突然之间就形成的，通常是由一连串过去的选择堆叠起来。因此你应该问问自己：“我满意现在的生活吗？10年前的我会接受现在的财务状况吗？”如果答案不是非常肯定，那最好现在就开始计划未来的财务。

管好你的钱，开始执行预算，让每一块钱都有明确的任务，让它帮助你实现长期的梦想。至于该如何做预算？最简单的方法就是：分配你的收入。

分配金钱并不难，会加减法就行

预算困扰人的地方就在于跟数字有关，常常计算来计算去结果把耐心给磨光。以往我也曾依照教科书的制式预算方法，在一张纸或电脑表格中把所有预计花费的项目都列出来，然后一一为每个项目配置需要的资金，抓出每个项目的比例，最后计算总支出是否超过收入，若超过就回头删减某项花费，然后再重新计算一次。

这种方法确实可以抓出各项支出的上限，只是我后来发现，除非你原本就对数字的解析非常熟练，而且能耐心地反复确认数字，细心地平衡各项目的花费，不然这种需要不断敲打计算机的进阶预算方法，还真难持续下去。这也是前面提到有些人听到预算就会头痛的原因。

别担心，我以前也真的认为预算就只能如此。但现在有个方法让我爱死预算了，因为我几乎不觉得是在做预算，而是真的在分配金钱去“工作”，钱也花得比以前值得。这个方法非常简单，而且只要会用加减法就行。

为了让你印象深刻，就让我们称它为“一毛不剩分配法”。

把收入分配到一毛钱也不剩

来考考你的记忆。什么钱是你最需要的呢？想到了吗？是理财守则 3——先支付给你自己。所以，最需要分配的一定是存钱，先把钱用在你自己身上，接下来才是伙食费、住房的支出、交通费、保险费等。

接着重点来了：把要存的钱与每月各项支出，由上到下、由重要到不重要，依序从**税后收入**中分配下去，收入数字就会由上到下依序减到最后为零元。

如果你是第一次做收入分配，可能没办法掌握每月生活花费的数字，但别紧张，这个问题只要你在接下来的 3 个月持续追踪消费情况，就会轻易解决。我遇到过很多人也是从不清楚花费开始，半年过后就能掌握每月各项支出，做收入分配时只要花几分钟就能完成。不必急着一次就要做到最好，别忘了存钱跟理财一样都是一种练习，练习的次数越多，就会越熟悉，也越能找到简单且有效的方法。

再次提醒，这个方法的关键是把收入分配到一毛不剩，不要多也不要少，就是分配到刚刚好。

为何要分配到一毛不剩？因为当每月有多余的钱可用时，正是考验一个人金钱心态的时候：要把它花掉还是存下来，往往是看心情来决定。然而，人的心情随时会受影响，如果不事先设定消费准则，钱很容易就莫名消失。此外，月底通常花钱较容易松懈，如果身上还有多余的钱，被花掉的概率实在很大，这也是我一再强调要把该存的钱放在首位扣减的原因。

采用一毛不剩分配法还有个好处：你追求的是平衡，而不是单纯的省钱。当你遇到没有分配完的钱时，可以再重新回顾是不是有哪

些项目的支出预估得不够。切记，这个方法的主要目的是帮钱找出路，并不是让自己节衣缩食，越活越痛苦，最后打消做收入分配的念头。所以若还有多余未分配的钱，就回头检查哪个项目可能抓得太紧，确认每一项金额都合适后，就放心把这些钱再分配到最上头的存钱项目里。以我自己的经验，人通常会把多余的钱分配到让自己最兴奋的地方——能实现梦想的账户里。

找到你的财富地图

想象你计划深入一片丛林，目标是寻找一座失落的金

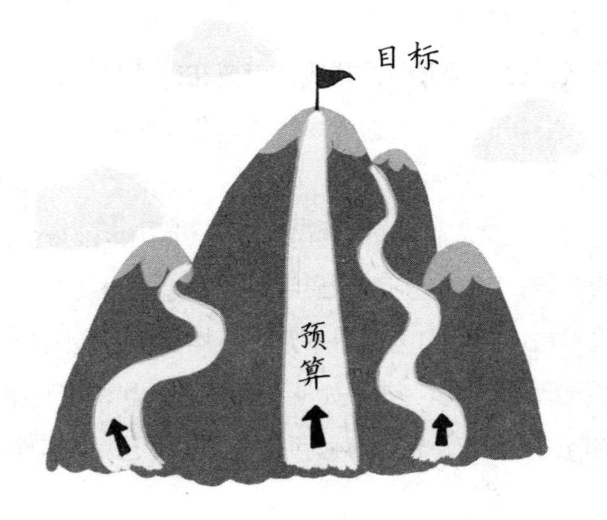

矿，出发前你已经确认这座金矿还没被人找到，之前也请来地理学家绘制了这片丛林的地图。

当你们一行人兴奋地站在丛林入口准备开始寻宝，你招了招手示意地理学家把画好的地图拿出来，此时地理学家脸上充满不知所措的表情，看着你说："前几天不是请快递送到你家了吗？"一群寻宝团队就这样你看我、我看你，因为少了地图，不知该打消寻宝念头还是硬着头皮往前走入丛林。

身为队长的你知道金矿就在前方的某处，可是手中却没有地图让你找到它，多难过呀！这种情况就跟在人生中想要寻找财务梦想的宝藏，却没有拿着地图去寻宝一样，想要找到是难上加难。

存钱，要存对方向；花钱，更要花得值得。这就是持续做好收入分配的原因，这样才能让辛苦赚来的薪水，发挥更大的效益。

人的一生都有许多的目标要完成，其中大部分会需要财务上的支持。因此，预算的最终目的不是要过省吃俭用的生活，也不是为了让自己活得不开心。相反的，是因为你现在就做好预算，才可以在未来如期实现梦想，当下也许牺牲一些花钱的自由，但我肯定，你也因此换到未来更大的奖赏。

理财守则6：
学会说不，停止讨好其他人

由于资本时代的影响，让人们开始用不同的方式去证明自己有多成功，其中一个会让钱包大失血的就是讨好别人。

什么是讨好别人？简单来说，你买一样东西不是为了自己的需求，而是为了虚荣心，就是在讨好其他人。

以买车为例，有些人起初是因为需要代步所以开始研究车款，但实际挑选时却把重点放在开出门有没有面子，然后就被象征身份地位的品牌吸引，若加上广告代言明星的催化，常因此背上过于沉重的汽车贷款。

当然不只是买车，只要是能显露自己的经济实力，或是有机会让他人称羡的商品，都可能成为讨好其他人的工具。好比买经济能力尚无法负担的精品包，或是没钱只好用分期买的手机等，一切只为了拿在手上让别人看得起自己。

停止这些行为，你不需要通过这种方式证明你自己。

并不是说这些东西不能买，但更应该思考的是这些钱是否花得值。如果只是想借由身外之物来证明自己的能力，很容易就落入钱不够花的情形。因为人心，往往很难满足。

有的时候，人也会担心其他人看不起自己，而选择买比较贵而不是比较符合需求的商品。如果有一种软件可以记录人一生为了讨好别人而多花的钱，相信那些数字会相当惊人：从日常生活用品到买车、买房，都可能因为“心中想证明什么”而付出代价。况且，当你陷入这种不断比较的情绪时，你也会落入不断花钱的陷阱里：这个世界总是能找到更有钱的人，开更贵的车子、住装潢更豪华的房子、拥有更多广告目录上的商品。

所以，试着停止去讨好别人，帮自己存下更多实质的钱，你在花钱方面才算是真的随“心”所欲。

消费能力不等于成功能力

如果你真的想在理财路上尽早实现梦想，就千万别将收入高低视为你的成功大小。

财不露白，此为古训，所以很少有人到处炫耀自己银行里有多少存款。然而，当人把成功跟收入画上等号时，要怎么让人知道自己有多成功？没错，买更贵的东西、花更多的钱、穿戴更吸睛的服饰。

到头来，这样的成功都是别人眼中的成功，而不是自己真心想要的成功。

收入高，表示有更大的资源去实现自己想追求的梦想、追求自己想要的人生，这才是我们努力赚钱、耐心存钱的原因。

至于梦想是否能让其他人称羡，不需要去理会，因为你无法控制别人怎么想。重要的还是你的想法，因为那是你的梦想，那是你的世界，别人的想法，真的不该比你自己还重要。

人生不需要处处与他人比较，虽然这个世界很多人用金钱、财力来衡量另一个人是否比自己成功，看谁的房子比较大或离市中心比较近、看谁开的是比较新或比较酷的车、看谁手上拿的是比较时尚或比较昂贵的包。但最终只会发现，经过比较得到的快乐都是暂时的，而且当另一个更有钱的人出现时，你的心情就会马上跌到谷底。当你总是烦恼别人如何看你，当你永远想用金钱来强调自己的胜利，你就永远在过别人的生活，然后把钱花在满足别人的地方。

真正该讨好的对象

其实，真正该讨好的人只有一个：就是未来的你。

未来的你想做什么？想经由存钱实现什么梦想？想经由努力让心爱的人过什么样的生活？这些问题才值得你不断思考。当你学会不再用金钱去讨好其他人，认知到自己不可能取悦所有的人后，你的心思、你存下来的钱，才有可能集中在自己想要的地方。

别让讨好其他人变成你追求金钱的动力，学会有自信地说不，学会把钱用在能真正让你快乐的地方。

理财守则 7：
准备好未来的钱

想象时空回到1962年，此时你正坐在台下聆听一场演说，当时没有人知道这场演讲足以决定人类未来的发展。纵使台上演讲者以极其自信的表情与手势，述说他眼中所看到的愿景，但坐在台下的听众，也就是你周围的人，半信半疑的显然不在少数，毕竟当时人类连飞到外太空都很困难，这个人却信誓旦旦地说会带领他的国家，成功登陆月球。

是的，这场演讲就是著名的《我们决定登月》，发表演说的人是时任美国总统约翰·肯尼迪，内容在当时听起来相当大胆，肯尼迪先生的口气却相当坚定。

演讲时，他不停地从口中说出这句话："我们决定要去月球。"当时美国的太空科技尚未成为世界第一，就连当时的太空科技霸主苏联，也从未登陆过月球，因此肯尼迪想要在短短10年之内登上月球的目标，在不少人眼里都认为只是气势上的较劲，并非有明确计划要成为第一个登陆月球的国家。况且，计划的可行性更在隔年肯尼迪被暗杀身亡后蒙上一层阴影。

然而结果就如世人所知，1969年阿波罗11号在万众期待下成功在月球表面登陆，伴随着太空人阿姆斯特朗那句名言："这是我的一小步，却是人类的一大步。"美国正式跟全世界宣告他们才是太空科技的领先者，而且这项太空计划前后所花的时间，比当初肯尼迪设定的目标提早3年达成。

这就是设定目标的威力，可以让看似难达成的事情实现，让没有头绪的计划跨出第一步，让原本的不可能，变成可能。

有目标，结果会更快出现

影响一个人在财务上取得成功的原因是什么？是收入的高低，还是存钱的决心？是有勇气在危机时投资，还是提早开始并遵守纪律存钱？我想这些都是影响力很大的原因。然而，有一个非常重要的因子，却也是大部分人容易遗忘，或是选择忽视的重要课题，那就是尽早规划人生中不同阶段的财务目标。

我过往其实也跟许多人一样，对于目标设定总是“新年新希望，过完年就忘”，直到工作几年后，我开始认真看待自己写下的目标，才发现每年达成目标的概率竟然逐渐上升，有些是停摆多年的愿望开始浮现，有些是新加入的愿望马上依计划着手进行。

当然，并不是每个目标我都实现了，但如果以成功件数以及后来的发展来看，大部分重要的核心目标不是已经实现，就是正迈向实现的路上。

对于这样的现象，老实说我直到现在还有点讶异。

虽然并不是只要设好目标，目标就会自动实现，但设定目标却是行动的重要开始。想想看，如果你今天打算去旅行，却没有目的地，你也不可能出发。同样的，如果你不知道财务目标在哪里，就不会知道每月该存多少钱才能实现；或是因为目标不明确，所以在存钱的过程中不小心花太多钱而毫无警觉；更别说为了想多存钱，而积极优化自己的财务现况。

设定财务目标还有个好处：减少压力，不再对未来感到忧心。人类进化虽然已有数百万年，但仍然不擅长面对不确定的事。当人在面对未知的未来以及不知道为什么而努力时，心中就会产生困惑，感受到挫折。

相对来说，掌握了未来的明确方向时，即使目标尚未达成，人的心中也会感受到它正在成长，随之而来的快乐也会让人产生更多信心。就如同我们每次学到新知识时，心中会对进步充满期待。这样的正面效应，也会一连串带动自己在工作与生活中的积极性。

不论你在人生什么阶段，都需要有财务目标引导自己，把赚来的钱投入到正确的地方，也让自己有更多精力去工作、去生活、去留意财务状况。

设定你的财务目标，找出自己的财务梦想，然后开始准备未来的钱，这样你才会知道为何要“照顾”好现在的钱。如此一定能在忙碌的生活中，找到持续努力的方向，让自己的未来越变越好。

理财守则 8：为最坏的情况做打算

追求确定性是人的本能。我们都希望能掌控周围的事，确保事情依照既定的想法走。因此当火车误点时，原本抓准时间的人会开始烦躁；当小孩没在约定时间回到家时，父母会开始担心各种意外；当自己没有照预期获得升迁时，就会开始对工作产生怀疑。

我们都倾向于追求更大的安全感，如果事情能照预期的发展，心中就会产生安定与幸福的感觉。

有趣的是，人生经常被不确定的事情左右。小至一场大雨影响一天的心情，大至一场意外影响一生的发展，不确定的事总是比已确定的事影响更大。

其实人在本能上也想追求不确定性。如果你在电影院看电影，坐你后方的人却大声讨论剧情，甚至把导演铺好的伏笔说出来，这部电影还能带给你多少乐趣？如果生活每天一成不变，还能带给人多少干劲？因此，正是因为我们无法掌握明天、下周乃至未来好几年的样子，所以才能有更多的期待。

生活中的不确定性可以为人生带来更多可能，然而，金钱管理中的不确定性，往往只会给人带来更多风险。

你需要一张财务安全网

说到财务安全网，我一定要跟你分享秦老板的故事。他的经历一直提醒着我，要小心财务上的不确定性带来的影响，要为自己的人生架好基本的财务安全网。

秦老板是一位成功的实业家，名下有运营稳定的工厂，加上本身的企图心，所以事业从初期开始就发展得很快。

因为公司营收稳定成长，秦老板也看好新的事业发展的潜力，所以除了养家的资金外，他把公司赚来的钱都重新投入新的事业里，公司名下保留的现金始终不多。

某天，一个不确定性的问题发生了，最终让秦老板从云端跌到谷底。

因为进货与出货时间差的关系，公司某一季度的库存量大幅上升，在产品尚未售出之前，上游厂商因为货款被拖延太久而开始追讨。无奈秦老板的公司没有保留足够的现金，部分厂商急得开始向法院申请假扣押。

因为假扣押，工厂的运转几乎全面停摆，消化库存的速度连带变得更慢，秦老板被迫转卖名下的资产还债，在收入短缺的情况下开始缴不出银行贷款。短短一个月因为现金不足而出现的危机，最终让秦老板破产，从前景看好的实业家，落魄到资产被低价拍卖的破产人。

虽然这是一个经营事业的故事，但之所以令人印象深刻，就是我在许多人身上也观察到类似的例子：因为突发的不确定事件，原本看似稳定的生活，出现严重的财务危机。

还记得2008年因为金融危机带来的无薪假或解雇潮吗？当时如果身上没有足够的紧急预备金，突然失去收入将面临生活危机，甚至只能委屈自己先找一份不怎么样的工作糊口。

突发的财务危机，也可能来自需要支出大笔金额的意外事件，在没有现金的情况下只能急忙借钱，或是被迫低价卖掉手中投资的股票或基金，这些都是因为不确定的事件，顿时让多年累积的财富遭受损失。

紧急的事通常让人来不及防备，这就是它紧急的原因。好在解决方法也很简单：**事先为紧急的事做好准备，它就再也不紧急**。当你在生活与意外之间建立起足够的财务缓冲空间时，不确定性将会大大降低，原本令人措手不及的紧急事件，也顶多变成稍微不便的麻烦。此外，你也为自己与家人带来更周全的财务安全网，有紧急预备金在后面保护，你在前方才能更专心地存钱与赚钱，累积财富。

至于什么样的事件才叫紧急事件？可不是某个临时降折扣吸引人买的物品，也不是市场突然出现值得投资的商品。**动用紧急预备金的条件必须符合无法预期、无法避开、无法延迟这3个条件，符合条件，你才可以动用紧急预备金**。

总归一句话，降低伤害比预测伤害发生来得重要。没有人可以预测何时会遇到金钱上的突发事件，但至少，当你为无法预测的事情先做好准备时，心中会获得极大的平静，晚上会因此睡得更安稳。就算在财务上突然需要一笔钱，你也因为提前有准备，而把财务状况掌握在自己手里。

理财守则 9：
每月至少存 10% 的退休金

曾经有人问我，如果能重新开始理财，哪部分会想要做得更好？当时我回答他：“如果可以，我会提早存退休金。”虽然我从 16 岁就开始存钱，但也是到了 25 岁才理解，尽早为退休生活做准备，对每个人来说非常重要。

“25 岁？已经够早了吧！”虽然对多数人来说我已经算很早开始，但请相信我，**存退休金的关键不是总共要存多少钱，也不是投资报酬率要多高，而是你多早开始**。越早开始，每月需要存的钱就越少，准备起来也越轻松，实现的概率当然就更高。

举例来说，如果目标是在 65 岁时累积到 600 万元的资产，市场投资报酬率假设每年是 8%，以复利累积，若从 40 岁开始，每月要存 6600 元；若是从 20 岁开始，每月只要存 1240 元，两者之间可是差了 5 倍。

除此之外，我也常听到长辈提出忠告，劝年轻人要提早存退休后要用的钱。很多事，人都是到了一定年龄才知道其重要性。提早存退休生活费，就是我从他们身上得到的宝贵建议。

为退休而存钱，很多人都知道，但大部分人却太晚开始。因为未来距离现在还很遥远，所以它的重要性经常被埋没在忙碌的生活里，不然就是一再被其他“第一事件”延后，比如第一辆车、第一次出国旅游、第一个手机等。

其实这也算是人的习性。毕竟越晚发生的事，越容易忽略其带来的影响。回想学生时代，是不是都在期限快到时才开始写作业？或是出国旅行总在出门前一天才急忙准备行李？这种拖延的心态，同样也会影响到准备退休金。

差别在于，迟缴的报告还可以补，忘记带的旅行用品可以在当地买，但退休金若太晚准备，失去的会是下半辈子的生活品质。

你准备好退休金了吗

谈到退休金，有人会说，“我很努力工作，退休后法定退休金应该足够生活吧？”

“我父母也是领法定退休金，看起来生活还过得去。”

如果你认为年轻时努力工作赚钱，将来再靠法定保障就能安养晚年。由此打消在年轻时准备退休金的念头。不得不说，这样的想法太危险了！

先不讨论法定退休金的问题，很多人其实根本没计算过，如果考量物价上涨，法定退休金能提供的退休生活品质，跟自己想要的退休生活差别是很大的。

退休金一定要自己存，绝不能等到退休时才干瞪眼。因为到时不管有没有法定退休金，日子还是要过下去的。所以，不要以为努力工作就不用担心退休生活，而是要自己先准备好一笔退休金，确保退休生活有基本保障，到时再加上法定退休金，日子就会好上加好。

另一个要尽早存退休金的原因是：我们会活得比自己预想的还久。

长命百岁，对现代人来说可能是喜忧参半。毕竟人的身体在70岁以后就很难再负荷劳力工作，到时要能活下去还得靠年轻时准备的退休金。如果你是年轻人，更要担心这个问题，因为随着肯定上升的两个数字——物价指数及人类寿命，退休金的规划只会越来越重要。

别被我吓到，活得久是好事，因为财富可以通过更长期的投资，降低市场短期的风险。不论是教科书里的投资理论，或是我本身的投资实务经验，投资时间拉得越长，越能减少短期下跌的损失，获利也就越会稳定增长。

但关键仍在于，务必要及早开始！

现在如何选择，会决定退休后的生活

我们都有能力决定自己的退休生活，真正的问题是，你愿意多早开始。从领第一份薪水的时间点算起，多数人离退休应该还有三四十年之久，越早开始，需要爬的坡道也就越平缓、轻松。如果不提早开始，到了中年，这通常是人生中金钱支出最大的时候，虽然那时累积的工作资历可以领到较高薪资，但面对的挑战也会跟着变多，竞争与家庭经济需求所带来的压力就更大，那时如果还要担心退休生活并且过度操劳，反而赔上健康。

年轻时的选择，将决定退休后的生活品质。**晚年是要成为“苦老族”还是“享老族”，都由现在的你来决定**。平常忙着工作赚钱、追求生活品质、养育小孩的同时，也别忘了要及早规划退休金，每月坚持从收入中存下至少10%的钱到退休金账户，才能安心预约美好的银发人生，创造自己的财富不老传奇。

理财守则 10：
耐心建立多重收入来源

作为第三章最后的理财守则，我想跟你分享一个改变我人生的决定：这辈子，不能只有单一收入来源。

以一个社会新鲜人来说，26 岁应该不算年轻。当时我已经服完 18 个月的兵役，在那之前也读了两年的研究生，等到 26 岁要找工作时，我的同学已经工作超过两年。但我其实不急着找工作，反而安排出国旅行，想趁上班前多认识这个世界，也让自己有充裕的时间挑选工作。

照理说我应该要先找好工作，之所以不着急，是我那时已经有投资收入可以支付部分生活费。也就是说，我跟多数人不太一样，刚上班我就拥有两份收入来源：一份薪资收入，一份投资收入。

拥有两份收入的好处是，我不用担心失业的危机，而且投资收入是来自股票与基金的配息，所以也不用花太多时间管理。因此，我很早就开始感受到多重收入来源的重要性。

专注于创造两份以上的收入来源

想要改变生活，就要改变你的收入来源，关键就是增加薪资以外的收入，从单一收入来源转变为多重收入来源。其中，投资收入对多数人而言是较容易开始的。

不过，同样是投资收入，我要强调的是能带来现金流的投资收入。简单说，它必须像你的另一份薪资收入，时间一到就会有钱汇进银行户头里，差别在于不像薪资收入要花劳力才能赚取。

当然，午餐不会让人白吃，财富不会让人白赚，在投资收入能产生稳定现金流之前，你需要付出努力去存钱，去累积能产生收益的资产。

更重要的是，绝对不要操之过急。

想短时间靠投资赚到大钱，通常是短时间财富就损失大半。虽然我在出社会前就开始搞投资，但至少经过了5年的时间，才觉得投资收入是稳定的。而且别忽略，在那之前我已经打好理财基础，对于金钱管理有一定的自律性。

万事皆从急中错，此言不虚。在理财路上求快，往往要付出惨痛的代价，而最常见的代价就是财富不增反减，甚至从此无法翻身。

能产生稳定现金流的投资收入绝对值得花时间去累积，千万不要因为刚开始只有几千元甚至几百元的收入就觉得太少。会觉得少，通常是因为从错误的角度看待投资收入。

同样赚 1 元，投资型被动收入更值钱

在累积投资收入的前期，我每月平均赚到的现金不到 600 元，那时有些人就会好奇："只有这些钱不太够吧？"

的确，这点钱确实不够生活，但要注意的是，你不能把投资收入跟薪资收入放在同一个天平上比较。因为现金流型的投资收入是属于被动收入，跟薪资收入所属的主动收入不同。关键在于，就算赚到的金额相同，被动收入的价值还是比主动收入高出不少，不能将两者看作是1∶1的对等关系。

如同开店做小吃生意，你必须负担食材的成本，支付每月的店面租金、水电煤气费，之后才有办法开始营业，而赚取薪资收入一样有固定成本：你上班开车需要加油才能行驶、你要花钱进修才能增加职场竞争力、因为加班所以需要吃比较贵但不一定好吃的外卖，甚至要请同事喝下午茶维持

人际关系。你也可能为了工作机会而搬到大城市工作，房租也因此提高不少。这些都是维持现有工作收入需要付出的必要成本，就好像买一辆汽车不能只看售价，还要考虑日后的油费、定期保养与维修费用。

虽然维持被动收入仍然要花点时间，但相对来说需要付出的成本少了很多。比如不需要被工作地点绑住，因而居住费用就可以弹性选择郊区而降低。另外，被动收入不需要你出门工作，所以可以免去通勤的交通费，不用应酬而省下来的费用更是惊人。如果是双薪家庭，也因为被动收入有更多时间待在家中，连保姆费都可以省下来，还有更多时间陪小孩成长。这些林林总总的费用，原本是你为了赚到主动收入而要付出的成本，当你有能力开始靠被动收入过生活时，这些支出都会转而留在你的口袋里。

所以，赚取现金流型的投资收入有很大的好处，这也是为何我会建议持续累积股息、债息或其他能稳定产生现金流的资产，因为除了需要长期投入的本金，额外需要花费的固定成本相对较低，自己也有更多时间经营想要的人生。

不过还是回到开头所提的，天下没有白吃的午餐，既然现金流型的投资收入可以在后期给人更自由的生活，当然在前期就要投入相对的资源。除了本金要存够，它也需要你利用下班时间学习投资与理财知识，有耐心地将利息回流再投资，然后压抑贪念按照计划往前走，而不是一味想赚取较快到手的买卖价差。

付出劳力不等于得到财力

虽然在职场上努力工作，维持稳定的薪资收入很重要（因为工作收入可是实现梦想的重要基础，一定要好好珍惜），然而，学习理财也是要让努力工作的心血产生更大效益，毕竟人的体力终究有限，职场发展也受制于公司策略，有时付出更多的劳力，不见得能换到更多的财力。

存钱，是为了走更远的路；理财，是为了让路更好走。当你专心工作，同时也将赚到的钱存起来，存到的钱赚更多，你能实现的梦想也就更可靠。同时拥有薪资与投资收入，经济重担也就不会全落在一份工作上，工作时将会有更多的喘息空间。也许某天累积足够的投资收入现金流后，可以不用再为了维持收入水平而选择不喜欢的工作，转而开始从事自己热爱的事情。

耐心存钱，开始累积投资收入

总的来说，投资收入是值得去拥有的，只是不论你的目标是提前获得财务自由还是安心退休，一定要先有正确的认知。它不可能也不应该轻易地就赚到，并非把钱丢进去就能坐在家中等钱进来。

反之，你应该尝试在每份工作薪资中存下更多的钱，然后如滴水般把这些钱累积起来，进而买进能产生稳定现金流的资产，付出该付出的耐心，等待该等待的时间，一步一步把薪资收入转成能产生现金流的投资收入，从单一收入来源，累积成多重收入来源。

好了，这就是珍贵的10个理财守则，把它们记在心里，或是写在能随时提醒自己的地方，之后你在财务管理上将会更顺利：在追求财富增长的同时，又能保护好现有的金钱。

接下来，深吸一口气，因为我们即将进入财务优化的6个步骤！跟你说，每次我在分享这些步骤时，脸上都难掩兴奋之情，因为我自己确实实践过这些步骤，回想每一步都会让我重温在财务管理上蜕变的感觉。我等不及要跟你分享了，翻到下一页吧，让我们跨出财务优化的第一步。

第四章

行动——6个步骤优化自己的财务

财务成功，来自不间断的理财过程

我想你应该跟我一样，早已忘记小时候学走路的事，不过那可是每个人都经历过的。我们是怎么学会走路的？首先，要学会爬行，如果我还能回到那个“小脑袋”时期，刚会爬的我想必觉得自己无所不能，想去哪儿就去哪儿，整个地板都是我的天下。接着，准备站起来了，当然不是一开始就双腿站立，而是先抓着一个跟身高差不多高的家具，开始扶着学习走路，直到某天可以在无支撑的情况下直直地站立，然后走几步，跌倒又爬起来，接着越走越远，最后开始跑动，长大后还学会了骑脚踏车。

人生就是这样，当我们想要完成一个目标，不会马上就达成，而是需要经过一个阶段一个阶段的成长，过程中还可能遇到失败而再次尝试，直到某天能力足够了，就会成功实现想要的目标。

财务成功的 3 个阶段

在财务上，只要是有步骤地达到阶段性目标，你也可以实现想要的梦想。我常用这句话来提醒大家："财务成功来自不间断的理财过程。"而不间断指的就是一个阶段一个阶段去实现，直到实现心中想要的结果。

虽然每个人对财务成功的定义不尽相同，但在实现的过程中可以观察到类似的地方。其中，有三个阶段可作为在财务上的指标，分别是财务自律、财务自主、财务自由。

财务自律

财务自由之前，一定要先学习财务自律。

对于财务自由，不少人其实有个误解，认为要抓到那所谓的自由，需要先有一大笔钱，需要先有很高的收入。这个想法没错，但也不完全正确。因为财务自由，一开始跟赚多少钱真的无关。

有钱，并非财务自由的关键。如果你不先在财务上自律，就算哪天因为收入变多而看似离财务自由更近，最后还是会因为某种花钱习惯，或是错误的金钱管理方法，导致身边的财富流失。我已经见过好多人，存款在累积到一定程度后就停滞，甚至过几年后存款不增反减，都是因为在财务上不够自律。

也许自律这两字听起来有些严肃，但主要就是想表达：**要把钱花在对的地方，要把钱花得更有价值**。

实现财务自由之前，你需要持续通过自律让收入发挥最大效益，把钱存起来，然后买进可带来现金收入的资产。重要的是，维持良好的花钱习惯，尽量减少不该花的钱。这不仅是量入为出而已，还代表你在用心把钱管理好。

实现财务自由之后，拥有财务自律也可以让财富永续存在。很多人误解财务自由的意义，认为实现财务自由后花钱就不用再受限制。然而，除非你是富豪榜上的名人，否则你还是要通过自律来选择如何花钱，差别在你那时不再需要被迫工作，有更多闲情雅致选择做喜欢的事，但这一切的基础，都是要先学会财务自律才行。

该如何界定已经在财务上实现自律？以下提供几个检视方法：

◎有记账习惯，或是能预估每月的各项基本开销。

◎每月能存下固定比例的钱，能预期 2 ~ 3 年后的存款金额。

◎ 做好收入分配，确实掌握每月及每年的花费预算。

◎ 与近年相比，年度各月份的支出稳定，变化幅度不大。

◎ 拥有累积财富的耐心，不因贪心而进行高风险投资。

财务自律是将收入转化成梦想的桥梁，能做到财务自律，你的存款就会开始增加，持续下去就能实现下一个阶段的目标：财务自主。

财务自主

刚踏入职场时，主管让一位资深前辈带我了解公司产品，主管也经常关心我是否适应上班新环境，经常跟我讨论产品开发的进度，协助我处理遇到的问题。

几个星期过后，主管出现的时间开始变少，只交代我在每周部门会议时报告工作进度即可；前辈也不再花很多时间带着我分析产品问题，而是让我自行寻找答案。约莫 1 年过去，我已经是个可以独当一面的工程师，能够单独执行新的专案，自己也开始带后进新人工作。

从新进员工变成能自主工作的有经验的员工，我相信这是许多人在职场上必经的过程。迈向财务自由的路也是如此，当你能证明自己在财务上有足够的自律能力，就如同工作能力提升所以负责产值更大的工作，财务能力的提升也会让你留住更多的金钱，或吸引更多的致富机会，开始实现财务自主。

要判定是否实现财务自主，关键在于你是否不用再为基本的必要生活费烦恼。你的理财成果，或是资产延伸出的收益，足以让你不工作也可以维持基本的生活，包括房贷、房租、基本的衣食住行需求、保险费及医疗费用等。

实现财务自主，表示你已经拥有累积资产的能力，接下来就需要时间让资产稳定增加，直到实现财务自由的那天。

财务自由

财务自由虽然是最后一个阶段，但这个阶段并没有终点，只要你愿意，就可以持续地累积财富。不过仍然有个基本门槛，就是可以在完全不需工作的情况下，维持现有的生活品质。

除了财务自主阶段的基本生活需求，在这一阶段，你的资产收益已经可以完全支付现有的休闲娱乐、额外的衣食住行花费，这些都不需要你继续工作也可以实现。

最棒的是，你有选择的自由。你还是可以继续工作，只是不用再为薪水高低而挣扎是否需要这份工作；或是改从事你热爱的工作，即使那是非主流的领域；你也可以重拾年轻时的兴趣，开始规划实现更多梦想；或者开创属于自己的事业，背后没有生活费的压力。

当然，你也可以继续待在原本的单位工作，持续让存款增加，让自己在有足够资产当后盾的情况下，去实现更多、更喜欢的梦想。除非你已届退休，身体已经无法负荷工作，或是非常满意现阶段的人生，不然还是可以持续累积更多的财富，拥有更多的人生体验。

简单说，**实现财务自由不只是你的收入变化，而是你有了更多的时间**。也不是说实现财务自由后就不再需要存钱：当你可以通过资产收益过生活后，你还是会有长期的财务目标，还是会有新的投资机会，这些仍然需要你存到钱才可以实现。

这里一定要提醒，从财务自律、财务自主再到财务自由，对每个人来说都需要时间与耐心。财富的累积是非线性的，刚开始很慢，到后面很快，这也是很多人提早放弃而无法成功的原因，因为在前期太急着想看到成果，没有办法等到财富加速增长的时候。

记得，财务自律是完成的基础，过程中只要结果是往上发展，剩下的就是用时间来等待。只要你保持这样的心态，在实现目标的路上你就会收获更多财务信心，进而实现想要的财务人生。

所以，跟着规划好的脚步，依照优化过的顺序，让自己的财务状况一点点变好吧。

财务优化步骤1：
备足1个月的必要生活费

不论做任何事，你的时间花在哪里，成就就会在哪里。因此想要累积财富，你也要先去做能累积财富的事：专心存下1个月的生活费。如此就能扭转自己的金钱流向，从花钱者变成存钱者，让自己不再担心没钱的日子，不再因为意外支出而增加债务。

从金额来说，1个月的生活费虽然称不上富有，但步骤1的重点不是存多少钱，而是在于拥有1个月的“缓冲期”。很多人在金钱上都有类似的麻烦：生活费账单急需当月收入才缴得出来，每次领到薪水过几天就花完。其实这是非常危险的事，稍有差错就会导致入不敷出，接着借钱过日子，同时让自己活在被账单追着跑的生活里。先存下1个月的生活费后，你就能脱离这种生活，不再需要通过当月收入支付当月生活费。

此外，备足1个月的生活费，也等于备妥基本的紧急预备金。天有不测风云，这句话不只是提醒而已，更是前人用经验换来的教训。虽然 1 个月的紧急预备金还不够，但已能作为向梦想出发的第一步。

如何备足 1 个月生活费

“嗯，我当然知道要存钱，可是，现在收入不太够……”不少人确实有这种困扰，我能理解，也愿意相信，不过千万别被这种状况打败。

在开始行动前，你真的很难想象自己有多大的潜力，可以从现实中找出更多的钱来存。这是我一再得到的体会，也是很多人跟我分享的经验。

只要付出行动，追踪消费、分配收入、专心盯着财务目标，你会讶异过去的你耗费太多钱在不值得的事情上，而现在终于可以把它们存起来。

其实，1 个月的生活费不见得要从收入中存下来，有很多种方法可以加速达成这个目标，甚至有可能你现在就能实现。接下来我分享的方法，已经在很多人身上得到成功验证，可以帮助你在短时间跨出这一步。

调整手机资费

大部分人在还没有进行财务优化之前，选择的手机资费都超过自己的需求。

"很担心到时候不够用呀！"

"先选择高流量以备不时之需。"

当初说服自己的理由，都是担心某天上网（通话）费不够而选择较高资费，顺便买好一点的手机。但事实上，不够用的那天很少会出现，而你却将预设的最高用量当作平日的用量，因此平白把钱送给电信公司。

曾经有一对夫妻因为财务吃紧而找我，在经过分析后，发现平常真的用不了那么多的手机通话费，上网费又选择了最高额的，两人加起来每月的手机费账单超过 600 元。他们仔细回想，发现大多数的上网时间不是在公司就是在家里，而家中原本就有宽带，只要加装 1 个百元左右的无线路由器就行了。经过重新调整，他们后来1个月省下一大半的话费。虽然这对夫妻怨叹之前花太多不必要的钱，但知道原来一年可以多存将近 6000 元的时候，还是相当高兴。

建议你也立即检视自己的手机账单，那可能正是吃掉你的财富的主要原因。不要担心某天用量不够，因为就算真的发生了，相信我，你也会找到低成本的方式上网或通电话。

卖掉二手物品

每个人家中都会有些忘记当初为什么要买的物品，如果一阵子都没在用，预计未来也用不到，就赶紧将它清掉，拿来准备 1 个月的生活费。

另一种可能，是之前买了超出现有收入可以负担的物品。也许是昂贵的精品包、图方便的高价清扫电器，或是不必要的数码产品、装饰品等。如果现阶段没有绝对因素需要它们，而你又凑不出这 1 个月的生活费，就把它们卖掉吧！当作你成功跨出第一步的证明。

记住，你不需要为了讨好别人而花不必要的钱。如果真的想在财务上重新站起来，就要先摆脱过去拖住你的事情。把空间清出来，才能“装进”对你有帮助的好习惯。不用过度留恋那些现在无法帮助你的物品，想办法存到 1 个月生活费，为更好的生活努力才是重点。

改用现金纸钞消费

相信吗？采用现金消费会比刷信用卡消费更容易减少支出。金融分析公司邓白氏调查过，当人在刷信用卡时，平均会比只用现金多出 12% ~ 18% 的消费金额。也有一家贩售饮料、零食的自动贩卖机业者测试过，在机器上加装信用卡支付功能后，原本平均每天只能卖出 1 包零食，安装刷卡机后竟然卖出 3 包。

对懂得控管金钱的人而言，刷信用卡积红利是一种回馈，但如果想要尽快存满 1 个月的生活费，改用现金支出会是更明智的选择。因为用信用卡或网络转账的方式，很容易就让人陷入购物陷阱中，支出不必要的钱。

如果你不习惯带现金出门或想利用刷卡积分，记得要在支出的同时，提醒自己已经花掉一笔现金，回到家也要把银行或钱包里那笔钱先扣起来预备缴款。

做一份短期兼职

如果想用最快的速度存到 1 个月生活费，兼职会是个好办法。

也许正职工作已经忙不过来，要再兼第二份工作容易吃不消，不过多兼一份工作是为了让你快速存到 1 个月生活费，所以这些苦都只是暂时的。如果平时上班太累，你可以利用假日时间打零工、帮人顶班，或是应征短期的人力资源工作，加快自己存到 1 个月生活费的速度。

步骤 1 没有想象中难，难的是你要先改变原本的金钱心态。如同许久没运动，刚开始总是会特别的喘、酸、累，直叫人想放弃。存钱也是个"先付出、后得到"的行为。然而，关键也就在于撑过不舒服的日子，只要阵痛期一过，你就会开始享受存钱带来的快乐，并得到梦想一步步靠近的踏实感。

对了，如果你还没有记账的习惯，不知道自己 1 个月基本生活费是多少，这里给你一个适合多数人的金额：3000 元，可以先作为你的步骤 1 的目标。

财务优化步骤 2：
还清所有的消费型债务

想象你现在在过这样的生活：工作收入稳定，也有资产为你带来投资收入，每个月有固定金额存到退休金账户里，名下完全没有贷款，有房子的人没房贷，有车的人没车贷，每个月的工资与投资收入完全属于自己，不用负担任何利息。

如果真的能有这样的生活，是否觉得开心？我相信一定会，因为每个跟我分享还清债务并过着这种生活的人，都流露出非常大的喜悦。

虽然身上有贷款在现代家庭是很平常的事，毕竟经济增长的一部分来自借贷，信用卡借贷、车贷、房贷都算是。然而，这种借钱消费的观念也让很多人身上背负不必要的债务，或是因为房贷而失去该有的生活品质。研究显示，沉重的债务会导致人健康出问题，偏头痛或心血管疾病都可能因此缠身，可说是现代人的财务压力引发的结果。

债务，不仅会吃掉你辛苦赚来的收入，也会吃掉你的幸福。相对来说，身上没有债务，收入才是完全属于自己的。

所以在你完成步骤 1——备足 1 个月的必要生活费后，接下来我们要专攻的就是消费型债务。一般来说，消费型债务指的是房贷以外的所有贷款或债务。

降低必要生活费，保持财务稳定

其实，虽然债务的影响很大，但它却是这 6 个步骤中执行起来成效最明显的一步，因为你只要专心做好这件事就行：

想尽一切办法，将债务的余额往下降。

试想一个画面：当你站在堆叠了好几层的箱子上时，脚底下的箱子是不是叠得越高，重心也就越不稳？若是摔下来，受的伤也更重？

能够减少重心不稳定的箱子，与尽早还债的好处相似。对你来说，每月的必要生活费就像是你脚下的箱子，当它们被叠得越高，财务上的风险也就越大。对多数人而言，每月因为还款要支出的本金与利息，极可能就是其中一个大箱子，无形中又提高了风险。所以，试着先把箱子的高度降低，提前还债，让财务基础更稳定，也会更容易实现财务自主及财务自由。

“不过现在利率低，有闲钱拿去投资而不是还债，应该比较有利，不是吗？”

不少人都是这么想。因为借钱成本低，借贷投资好像变成了致富的必要法则。确实，从商业角度来说，套利是个可行的方法，但差别在当你借钱时，是真的在进行套利，还是在玩别人的金钱游戏。

借钱投资，意思是你借了一笔钱，然后拿去投资。如果本身已经有贷款，代表之前借出的钱早被你用掉，怎么能算是套利？所以，当你有闲钱时，不该从利率的角度去思考怎么套利，而应该是以还债的角度增加财务的稳定度。

另外，少了消费型债务每月吸走你的收入，你的投资理财绩效才会更稳定。好比你今天要跟人比赛射箭，双方有着同样的技巧，只是你被限制每次射箭都必须在 1 秒内完成，而对手拥有无限长的时间可以深呼吸、拉弓、瞄准、射箭，你觉得何者会比较准呢？当然是没有时间限制的那个！

同理，**如果你在投资时，背后没有利息压力追着你，投**

资心态肯定与有负债的人完全不同。你会比较理性看待市场的变化，晚上睡觉会安心许多，也会更有耐心等待市场出现好的投资机会。结果是，你的投资绩效更好、更稳定。

这就是在步骤 2 要先集中心力将消费型债务清除的原因，这样后面的步骤实行起来才会更顺利。千万不要因为不想提前还债而急着跳过步骤，这些步骤的顺序都是经过验证的，只要你愿意按照步骤走，财务状况肯定会比预期增长得还快。

有系统地还债

想要尽快从债务堆里逃出来，除了培养正确的消费习惯，还要懂得系统化地清除债务，绝对不能乖乖按照银行或贷款方给你约定的还款方式还贷。依约定缴款确实不会让你信用破产，但也不会让你获得该有的财产。

首先，你要做的就是停止增加新的债务。漏水的桶子是无法装满水的，因此务必先堵住洞，不让新的债务产生，并且按时缴纳现有的贷款。

再来，定出新的加速还款计划。除了约定的缴款金额，还要将每月多余的资金全部用来提前偿还贷款本金。如果同时有多笔债务，我建议优先还贷款本金最低的那笔。这方法叫作“滚雪球还债法”，追求的是先解决贷款金额最低，而不是贷款利率最高的那笔。这样做有个好处，你每次只要专心处理一项债务，先还清应还余额最少的贷款，让自己在对抗债务的战争中取得胜利的感觉，才会有更多的动力处理下一个债务。

最后，别太快提升你的生活品质。当你开始有系统地还债，因为贷款利息支出会减少，所以每月可支配的剩余资金变多，心态稍微松懈就会误以为能花的钱也变多。千万不可以这样想！要知道，尚未还掉的贷款本金，都是之前已经被你拿去花掉的钱，所以每月多出来的钱不属于你能花的，把它们持续拿去还贷款，直到清除全部的消费型债务为止。

是否需要债务整合

“找专门的机构或银行帮忙债务整合，是不是比较有利？”有些人会问我是否需要债务整合，然而债务整合实际上就是借新债来还旧债，表面上看起来每月还款金额变少、贷款利率降低，但另一方面也可能是将债务还款期拉长。除此之外，事先需要的转贷手续费，以及禁止提前还本金的规定，都可能让你欠下更多的钱。

务必小心，如果你还无法在财务上自律，债务整合反而会让你背负更多的债。因为一旦将债务整合，会给人财务压力变轻的错觉而让人失去警戒，可能因此增加更多不必要的花费，还款之路拖得更长。

所以，除非通过精算，确认手续费、总利息等成本都比原本的债务低，且你也已经在财务上有足够的自律能力，才可以考虑债务整合，否则专心一个一个处理目前的债务就好。

别让债务一直拖住你，不采取计划性还款，不替未来的自己清债，就等于是把时间花在远离自由上，而自由也就真的会远离你。

若你现在身上还有消费型债务，请为你的自由而努力，留下更美好的财务环境给未来的自己。当你开始提出更有系统的还款计划后，也等于开始专注在追回自由上，把时间花在拥有更好的“财务体质”上。如此一来，自由才会离你越来越近。

财务优化步骤 3：
存够紧急预备金

如果你能走到第三步，真的要给自己一个大大的肯定。没了消费型债务，你的收入几乎全部属于自己，可自由分配的资金变多，能存下更多的钱，你的财务安全度也比大部分人更稳健，你已经往财务梦想大幅度地靠近一步。

虽然有些人可以很快就来到步骤 3，但如果有人需要花 5 年以上的时间，我也不会感到惊讶。**债务本来就容易缠身却不容易摆脱，它就像是灰尘，平时慢慢累积还看不出脏，等哪天要清理时就得花上好大的工夫**。但请坚持下去，因为你已经走在正确的道路上，已经开始学到驾驭金钱的能力，只要专心管理每月的收入，后面的速度肯定会越来越快。

来到步骤 3，该是把紧急预备金补满的时候。一般来说，3 ~ 6 个月的生活费已经足够大部分人应付意外支出，不过如果你的工作较不稳定，或是年龄较大，就需要准备更多的预备金，这点稍后会说明。

另外，因为这时手上的资金会变充裕，有些人可能会觉得应该先拿去投资。你会这样想我不意外，我早期理财时也是这样看待紧急预备金的，觉得平时又用不到这些钱，不好好投资实在太浪费！

然而在理财中，千万不要挑战墨菲定律！很多人都有过这种经验，觉得下雨概率低出门不带伞，结果淋了一身湿回家；只是去附近买东西就没带手机，结果家人正好打电话找你。生活可以说是由随机事件所组成的，所以在财务上要先预防随机的意外发生，这样财富才会稳定往上增长。

有些人可能还会好奇："如果我现在的收入很稳定，还需要存紧急预备金吗？"

可惜的是，世界上没有一份工作是绝对稳定的。在这个公司随时有可能破产的时代，就算捧着社会认定的铁饭碗，你还是要为自己多着想，万一意外真的找上门该怎么办。除此之外，你家的冰箱、水管、空调、马桶，并不会因为工作稳定就比别人家的还坚固；上班的交通工具、常用的物品也可能出问题，这些都算是临时支出，会突然打乱存钱计划。

别把资产当紧急预备金

“我已经有固定投资的股票与基金，价值超过6个月生活费，随时可以变卖，我不用再准备预备金了。”

这是很多人对预备金的另一种想法，但千万不可以这样做。因为投资跟预备金是两件完全不同的事，不该视作同一笔资金用途。

理财中，投资就像是进攻，紧急预备金则是防守，如果把防守的队伍抓去进攻，又随时把进攻的队伍叫来防守，这样只是一再打散你的资源，两边都不会发挥该有的效益。投资市场在短期内经常上下波动，长期持有才会提高获利机会，如果你把投资部分当作预备金随时准备提取，等于限制自己用时间摊平市场风险的优势。这样做只是在你的资产下方埋进未引爆的“炸弹”，随时可能造成伤害。

相对来说，有了足够的紧急预备金保护，才可以专心通过投资累积财富，不用担心“万一”与“如果”来搅局。

总之，**紧急预备金的变现性一定要够高，且要符合市场价值稳定的条件**。保险、股票基金、黄金白银，这些都不适合当作预备金。

何时该调整预备金额度

影响预备金准备额度的因素有3个：年龄、工作稳定度、经济是否景气。不过最重要的是把握这个原则：**准备的金额要能够让自己感到安心**。

通常在年轻、刚出社会时，因为有足够的劳动能力，承担的家庭财务责任也较少，所以需要准备的金额也就比较低，但是不可低于 3 个月的生活费。

若是工作稳定度高，也可以考虑减少预备金的金额；如果工作或所属产业不稳定，就需要准备 8 个月甚至 1 年的生活费。对于在公司上班的领薪族而言，建议以 6 个月为基准。

影响预备金额度的最后一项因素，是经济环境。景气会循环，隔几年就有可能产生失业潮，所以市场不景气时，就要把预备金额度多准备 1 ~ 3 个月，直到景气恢复后才能把那些钱拿去理财。

准备紧急预备金的阶段虽然不令人兴奋，但只要你走完这个步骤，你的财务状况将会比许多人还要好。希望你也记住：**紧急预备金不仅是为了降低伤害，更是为了不让紧急事**

件造成伤害。你可以想象，医院中的急诊室都是专门处理突发意外、受伤程度重大的事件。同理，财务上如果紧急需要一笔钱时，影响程度通常也特别大，事先用预备金这道城墙加以保护，才能让自己的财富与人生更安稳。

财务优化步骤 4：
存 10% 的收入，储备安心退休的资产

回想我还在公司上班时，每一两个月就会感冒一次，原本以为是办公室同事间互相传染，但以前服兵役与很多人一起生活时都没那么严重。那时下班经常到耳鼻喉科诊所报到，医师都这样问我："来了，这次是什么问题？"我心想，他们都记得我了啊！

原本以为离开职场后感冒次数会减少，没想到一年四季感冒的情况仍差不多。常听说体质虚弱的人特别容易感染风寒，我当时的体质根本就是感冒病菌的"度假胜地"。直到我开始定期运动后，感冒次数才渐渐减少，到现在，我已经很少感冒。

如果把财务状况视作人的体质，"财务体质"不佳也特别容易在金钱上发生问题，稍微遇到财务意外就会导致负债，金融市场随便一个危机都会让人失眠。然而，在完成前面 3 个步骤后，你现在等于锻炼出了健康的"财务体质"，

哪怕外面风吹雨打、遭逢金融危机，你受影响的程度都在可控制的范围内。即使有天你在财务管理上犯错跌倒，爬起来的速度也会相当快，甚至连跌倒的机会都变得微乎其微。

完成前面3个步骤，也证明你已经有足够的财务自律能力，接下来可以投入所有心力累积财富，不，应该说是能集中“金”力朝着财务梦想狂奔！

不过为了慎重，我还是得提醒你，绝不能因为“财务体质”变好而开始放松。从这个阶段开始，你会有多余的钱，摆脱消费型债务后更是觉得生活轻松自在，稍不注意反而会增加不必要的花费，甚至最后走回负债的道路。别以为自己绝对不会如此，我见过很多人就是这样走了回头路。因此，现在更是需要你专心的时候，能不能在期望的时间点实现梦想，就看你接下来如何运用多出来的金钱。

总之盯住目标，绝不要在此时就松懈。你很清楚心中想要过的生活，一定比现在还要好。

先顾好最重要的财务未来

有一件事非常确定：人的寿命将越来越长。根据《大西洋月刊》的统计，人类在1800年的平均寿命是40岁，到了

2010年，这个数字已经攀升到80岁。你觉得这个数字未来还会不会上升？肯定会！

然而，活得越久越代表一件事：退休后吃光老本的风险变高。想一想，如果人类现在平均寿命还停留在50岁，哪会需要担心退休问题？刘备、曹操活到超过60岁还在战场上比谁的军力强，50岁的现代人只要咬牙将工作担子挑上，照样有饭吃，是吧？然而，如果是七八十岁可就不同了，即使现今职场退休年龄有增加趋势，但下滑的体力与追着你跑的年轻人，可不允许你工作那么久。

所以，**为退休后的生活费着想，是每个人在累积财富时，务必优先考虑的事**。即使你心中有尚未完成的壮举，有想成为富人的野心，有想逆转人生的斗志，都一定要先为退休做好准备，因为无论如何，我们都抵不过时间带来的衰老。

时间，它是一条回不去的长河。善用它的人，将可以累积财富；忽略它的人，则只会感到年华老去的痛苦。及早开始，准备起来会轻松很多。

因此，在你进入累积财富的步骤后，要先储备好的就是能安心退休的资产，让自己有个坚强的后盾，才有能力继续追求更大的梦想。

退休资产该如何储备

虽然投资技巧并不是这本书的核心，不过这里我还是要给你初步建议，让你有个头绪开始。

退休投资工具的选择

通过投资储备退休资产有个关键：你要用时间换取空间。因为距离退休时间够久，加上要能稳当支付退休后的生活费，所以寻找的投资报酬率要先以稳健增长型为主。而且别忘记，在低利率时代，投资市场的报酬率会跟着下降，若是在一开始就挑战太高的报酬率，可能会超出所能承受的风险范围。在没有磨炼出足够的投资能力之前，先把握能稳定实现报酬的投资工具。

至于投资工具的选择，股票、债券、共同基金或与指数联接的 ETF 基金都是可备选的投资工具，它们之间各有优缺点，手续费也都不同，但关键在于资金的配置要尽量分散在不同的市场标的，然后定期投入资金，经过长期累积就能实现稳定的收益。

至少分配 10% 的收入

投资金额方面，至少从工作收入中存 10% 去累积退休资产。如果你非常渴望提前退休，或想提高退休后的生活品质，也很好，那存钱额度要超过 10%，无论如何绝对不能低于 10%。不过这里我先提醒，接下来还有步骤 5 和步骤 6 需要分配你的收入，虽然我一再强调为退休做准备是最重要的事，不过人生还有很多梦想需要你去实现，所以不必在步骤 4 就把收入全部分配完。

再次提醒，在还没完成前面 3 个步骤以前，不要想直接跳到步骤 4 靠投资翻身。想想看，你不会跳着拨一组电话号码还期望能打给对方吧？这些步骤的顺序都经过优化排序，已帮助很多人走向正确的理财路，千万别自行调整，因为你现在需要的是有计划地实现梦想，沿着成功的脚步走，才会更快到达目的地。

财务优化步骤5：
存梦想基金

如果你不知道正要前往的目的地在哪里，怎么能找出最近的一条路?

存钱就是这样。

经验告诉我，当我不知道为了什么而存钱时，存钱速度就会开始下降。虽然还是在存钱，一阵子过后却发现反而花掉更多。因此，我学到有一个财务梦想是多么重要。不论你是为了金钱上的自由，还是为了家人的幸福，或是为了拥有自己的事业，明确的梦想都会持续激励你，挖掘出更多动力，让你开心地把工作收入存起来。

虽然每个人的财务梦想并不相同，但财务自由和孩子的教育基金是我经常听人提起的，我想通过它们跟你分享步骤5该做什么事。但记得，你可千万不要因此被限制住，因为那是你的梦想，想完成什么就去完成什么。

多数人的财务梦想：自由

谈到想实现的梦想，财务自由几乎都会被提起，因为那代表不用再为金钱烦恼。只是说到财务自由，你心中想到的画面是什么？我想你应该听过许多种解释，或者一定有人跟你分享过财务自由的定义，以及在实现财务自由后可以过怎样的人生。不过来到这个步骤，我想应该是时候跟你一同思考，实现财务自由后的人生应该是什么样子。

金钱代表的是机会，财务自由则表示不需工作也有足够的金钱收入。也就是说，当你实现财务自由时，将有足够的机会去选择想要做的事情，过想要的人生。

财务自由，不是指可以做任何事， 而是终于不用为了钱，被迫去做不想做的事。你不再需要每天早上痛苦地爬起来，穿梭在乌烟瘴气的车流里，然后进公司面对提不起劲的工作。你可以选择你喜欢的工作，让自己每天都带着好心情起床；或者你可以完成一直想写的书、报名厨艺特训班、学画画、学弹奏乐器，去实现那些之前没有时间做的事，又不用担心没有收入维持生活。

基本上，迈向财务自由的方法跟准备退休资产差不多。然而，如果考量实现的时间点越早越好，财务自由就需要你存更多的钱去理财。因此，除了步骤4要存下10%的收入准备退休资产，若你想提前实现财务自由，就应该往上增加存钱比例。

至于要多存多少？一般我会建议连同步骤4存的钱，总金额要提高到收入的20%，不过，相较于其他梦想，如果你更渴望实现财务自由，那么当然可以再提高。我遇到过不少人为了财务自由，努力从收入中存下超过50%的钱。

前面提过，当你实现财务自由后并非不用再存钱。虽然你已经能依靠资产收入过日常生活，但之后还是会有长期的财务目标，还是会有新的投资机会产生，这些仍然需要存到钱才可以实现。这也是为何你需要拥有财务自律的能力。学会管理好收入，不论是赚薪资收入还是后来的投资收入，都需要用心管理，持续理财，这样才会实现财务目标。

再来，当你走在迈向财务自由的路上，心中应该以能完成更大的挑战、实现更棒的梦想作为前进的动力，而不是一直被朝九晚五的工作限制住。所以，现在就开始立下志愿，这将会成为你迈向财务自由的最大动力。

父母的财务梦想：孩子的教育基金

我从小生长在衣食无缺的家庭，长大后，我才知道那只是我认为的一个表象而已。事实上当我出社会后，才从母亲口中得知，家中经济状况并没有小时候想得那么美好。也因此我一直很感恩，纵使在背负不少经济压力下，爸妈仍然给我一个不用我忧愁的优良的求学环境，让我可以将心思放在课业上。因此，每当我遇到想为小孩提供更好成长环境的父母，都特别想帮助他们。

虽然学历并不能保证未来工作的稳固，也不代表拥有学历就能累积财富，但如果孩子能读到更高的学府，或是想出国留学，相信父母只要有能力都会支持。

我想，这也是为何在许多父母的财务梦想中，常常希望先为小孩存教育基金。

不同于财务自由，准备教育基金比较明确。因为最大一笔的学费通常是在上大学以后，所以需要准备的金额与时间都很容易拿捏。以一个 3 岁小孩为例，距离 18 岁读大学的时间是 15 年，在估计要存的金额后，就可以推算从现在起每月要存多少钱。

如果你已经准备开始为小孩存教育基金，但还不清楚小孩的教育基金该准备多少，建议至少存10%的收入到教育基金的账户里，先让账户里有钱开始累积再说。接下来，你得花时间估算小孩未来可能要用到的教育支出金额，然后在可行的范围内从剩余收入中拨出钱来存。

在此提醒，因为有关孩子的未来，父母通常都会倾全力想要给小孩最好的，结果忽略自己与另一半的未来。不要忘记步骤的优先顺序，你们的退休生活还是要先放在前面，另外待会要谈的步骤6的目标也要照顾到。

不管财务梦想有多大，都要从存钱开始

不论梦想是否需要金钱上的支持，拥有稳定的财务基础，对实现梦想一定有帮助。如果你的梦想需要资金支持，比如说开一家店，提早存钱就能提早实现。如果你的梦想不需要资金直接支付，比如说减少工作时间陪伴家人，背后有足够的存款或资产也会让你更无负担。

不论你的梦想有多大，需要多少财务支持，需要花多少时间完成，现在该是你通过存钱去实现它的时候。走到财务优化步骤5，你已经有能力存下梦想基金，为你的梦想找出实现的道路。你需要做的，就是从你的收入中分配适当比例

给想要实现的梦想。

为梦想而存的钱，该拿去投资吗

虽然定期为梦想存钱是最重要的事，不过如果可以经由投资让梦想提早实现，那就是更棒的事了。然而，投资代表需要承担损失金钱的风险，所以并不是每个梦想都适合通过投资加速实现。**为梦想而存下来的钱是否该拿去投资，有两点要考虑：准备时间及必要性**。

想象一个画面：今天你打算搬家，旧地方住了十几年，家具杂物非常多，可是搬家公司却只开了1辆小货车来载。该怎么办？好吧，只能硬塞了。搬家工人很厉害，把要搬的东西一层一层往货车上叠，一眼望去，堆起来的高度已经有2辆货车高！虽然司机绑了好几条橡皮带，但够稳吗？

开在路上不会掉东西吗？会不会整个翻覆、东西摔落一地？你一定充满疑问，不放心货车就这样开上路。

以常理来说，重心不稳的货车开在路上经常会出事，一般不能用小货车来载大量的家具。要稳稳地运送家具，需要的是大货车。

如果你把这个逻辑用在资金用途跟投资时间这两者的关系上，会发现不少人都是用小小的货车，运送超大的物品。

货车，就好比投资的时间长短，越大的车代表投资时间可以越长；运送物品则是资金用途，越重要的就是越贵重的物品。

好比把辛苦存下的钱拿去投资，希望更快累积到房子的首付款。这个观念没错，通过投资可以让资金加速累积，但重点在于打算用多少时间来累积。

我就遇到过有人希望 3 年之内就达到目标，这时请千万要小心。如果只有 3 年的时间，投资在股票或基金这类短期振荡大的理财工具中，3 年后可能不是存到一笔首付款，而是赔光辛苦赚来的收入。

相对的，如果投资的目的是为了 20 年后退休，选择股票或基金工具就合理许多。虽然投资市场短期变化大，但长期而言，往上的趋势可以协助累积退休生活费。

整理一下，如果你打算为梦想而投资，这两个原则要先把握住：

原则 1：不能将短期要存的钱，拿去投资需要长期累积才能有报酬的产品。

原则 2：越是重要的资金，承担的投资风险就要越小。

距离目标时间越近，投资就要越保守。基本上，我会建议 3 年以内的目标都通过定期存款准备，3 年以上到 10 年之间则保守投资，10 年以上才可以积极投资。

然而也不能只考虑时间，达成的必要性也会决定该投资什么。**凡是确定要达成的，所选择的投资渠道也要越保守**。

比如说，有些人确定在 5 年后要结婚，表示结婚基金的达成必要性高，选择投资时就要偏保守；或者是准备小孩的教育基金，虽然距离的时间可能超过 10 年，但是几乎是非存到不可的钱，所以选择的投资渠道就不能过于积极。若是像财务自由的梦想，因为实现的时间点是在十几、二十年后，那么就可以积极投资。掌握好准备时间与达成必要性这两个因素，在选择投资渠道时就能做出正确选择。

财务优化步骤 6：实现零负债的人生

假设你有一笔闲钱，会先想到投资还是还贷款？如果你的选择是投资，那就跟我遇到的多数人的回答相同。然而，有个故事我想分享给你，让你了解我为何那么重视先把贷款还掉。

曾经有位读者问我，当时他手边正多出一笔约 12 万元的钱。因为本身的工作不错，所以之前办的房贷利率较低，因此他不确定要把这笔钱拿去投资，还是提前还房贷本金。在确认过财务状况后，我确认对方当下的“财务体质”还不错——已经存到 6 个月的紧急预备金，身上没有消费型债务，也开始存钱准备退休生活。因此，我建议他把这笔钱拿去提前还房贷。

“可是……不拿去投资会不会太可惜？”其实在听到这句话之前，我早就感受到他还是想投资的念头。过往遇到相同问题的人也几乎有类似反应，毕竟能赚到更多钱的想法比较吸引人。然而，当时我这样回答他：

“投资或许会让这笔钱更有效益，但那只是假设最终投资是赚钱的结果。万一结果是亏损呢？万一结果不好不坏资金被限制住呢？相对来说，先拿去还房贷，把贷款本金降低，你的生活压力会马上减轻，”我特别停顿一下，接着加重语气：“你把钱拿去还房贷后，一定会感受到目前无法想象的好处。”

最后他决定提前偿还贷款本金。后来就跟我说的一样，偿还后因为要缴的房贷费用变少，隔月马上看到自己的现金流增加，他心中产生难以言喻的激动。

故事还没完，扣人心弦的在后面。

原本以为接下来他将按照计划提前还本金，因此至少一段时间内不会再知道他的进度。没想到过 3 个月后就收到他的来信，内容却是令人担心的坏消息。

晴天霹雳，他竟然被公司无预警辞退了！因为任职的公司营运出现危机，所以裁掉了大部分员工。

我为他感到难过，还有些着急，不过读到信的最后却放心不少。他告诉我，好在之前那笔钱没有拿去投资，现在虽然暂时失业，但包含房贷的必要生活费已经降低，所以第一时间被告知失去工作时，心里对于经济的压力比想象中还小，自己能轻松面对失业的反应也令他惊讶。

而且，因为提前缴房贷后，必要生活费变少，他估计就算不动用公司的补偿金，现有的紧急预备金也够他生活 8 个月。换句话说，之前先还房贷的决定，让他的预备金额度从 6 个月生活费变成 8 个月，多出 2 个月的缓冲时间可以去找新的工作。他说，虽然应该不需要花那么长的时间找到新工作，但因为多出那么多的时间，生活费的压力也减轻，他反而可以从容面对职业生涯的变化。

“我打算趁这次机会，好好思考接下来的人生规划。”从字语之间都能感觉出他的自信心。因为降低房贷而多出来的财务空间，让他得到更多的人生缓冲空间，能够思考自己想要的工作是什么，该如何发挥他的所学，找到能有更多成就感的工作。有了这次的经验，他也开始想象还清房贷后的人生会多么棒，因此有了更多动力，持续往零负债的人生路前进。

为最后一步努力

财务优化讲到这里，你已经解决所有消费型债务，有足够的紧急预备金防止意外发生，也开始为退休生活及实现梦想存钱，你的财务管理能力已经达到领先水平。一切看起来很好，就算你照这样继续生活下去，相信你的财富也是持续往上累积。然而，让我们再次停下来好好思考这句话：

如果你知道自己还可以做得更好，愿意继续努力下去吗？

你一定能做得更好的，因为我们即将要走完最后一步：将房贷全部提前还清。虽然最后一步需要花的时间可能不止10年，但可以确定的是，只要你持续往前走，房贷降低的速度就会越来越快，你会感受到生活越来越轻松，越来越自由。

债务就像小偷一样，不仅偷走我们努力工作的成果，更偷走我们的未来。其中，房贷虽然是拿来购买居住的房子，是属于适当的财务规划，不过因为金额太庞大，占据了大部分的家庭所得，每月多缴的利息也会慢慢吃掉工作收入。

很少人真的算过，所以并不知道房贷利息如何吃掉自己的工作收入。如果以房贷固定利率4.9%、贷款期20年来计算，需要额外支付的利息可是高得吓人。

准备好接受了吗？建议你先深呼吸……光是额外要支付的利息，就超过所借本金的1/2！也就是说，每贷款100万，总共要还的金额约157万，光是利息就有57万！这个结果你可以自行验证。

更令人担心的是，除非是经过投机炒作的房价，或是位于偏远地区的房子，否则房价可能仍会往上涨，这样很多人只好用延长贷款期的方式买房子，因此多出来的房贷利息，更是逼人成为金钱奴隶。以同样4.9%的固定利率来算，贷款期延长到30年，每贷款100万，额外要支出的利息约91万，几乎等于是多还1倍的本金。

然而，为什么很少有人警觉要支出那么多的利息？就像我每次跟别人说，有能力应该尽早将房贷还清时，对方都会先持怀疑的态度，想着应该把钱拿去投资比较划算。

原因在于，这些额外多支出的利息，经过二三十年的平均摊还后，每月多付出的钱会感觉较少，让人失去警戒。

只是我问你，如果今天房子漏水，你会不会尽快修补？会！就算还没严重到室内积水，还是会赶紧找师傅来修理。

若是心爱的汽车在行驶中出现杂音，会不会马上送进厂检查？会！因为行车安全是生死攸关的事情。

那就对了，如果你的财务状况也出现小洞、正在漏水，或出现不寻常的杂音，当然该用最快的速度把财务漏洞补起来。即使因为平均摊还的方式让人负担得起房贷，但如果你不正视它，长期下来仍会带给你重重的伤害。

零负债，代表的是自由人生

如果你还是犹豫是否该把钱拿去投资。我想跟你分享一个经过长久理财后得到的心得。

我发现，在理财中你会变成什么样的人，往往比你得到多少金钱还重要。这是顺序上的问题，很多人却反其道而行，认为得到很多钱是追求财富的唯一目标，而忽略应该要成为有能力管理金钱的人，以及是否能在财富累积过程中获得更多的快乐。

我们都想拥有足够多的钱，那代表拥有更多的机会，所以有闲钱自然会想到先拿去投资。然而，理财可是一辈子的事，如果已经将必要的退休计划与重要的梦想规划好，接下来拥有零负债的人生，将会让你活得更快乐，同时提升你的财务安全度。最后，当你在零负债的情况下实现财务自由时，那份自由才可以说是完全掌握在自己手里。

拥有一间自己的房子是许多人的梦想。然而，我也遇到很多人因为背负沉重房贷而过着苦不堪言的生活，甚至因此赔上健康。有些人是为了给家人更好的生活而努力，这点我非常敬佩，但也于心不忍，如果能及早运用这6个步骤，过去付出的努力就会更值得。

这6个步骤，并不是快速致富的系统，却是让人一步一步稳健提升财务管理能力的方法。它没办法求快，也不应该求快，就像凡是所有稳固的东西，都需要稳扎稳打才能建立起来一样，你的财务管理也应该如此。

如果你跟我一样，能预见拥有良好财务带来的美好人生，愿意一个步骤接着一个步骤走，你一定会在自己的人生中得到前所未有的满足感，一定会！

第五章

梦想——让人生变更好的动力

过想要的人生，为梦想就该这样存钱

嘿！你来到这里了，从第一章到第四章，我们已经学习了阻碍人存钱的盲点、存下更多钱的心态与技巧，以及理财守则与财务优化的步骤。接下来还要谈些什么呢？我想是时候了，在你拥有打造良好的财务基础能力后，我们要来谈影响存钱最重要的因素，也就是在书中出现过很多次的两个字：梦想。

虽然这本书大部分在谈论跟存钱有关的内容，但我始终相信，为梦想而努力，才是一个人会持续存钱的最大原因，也才会愿意过别人不愿意过的生活。

不过，光谈论梦想容易让事情流于空泛，这也是为何我要放在最后一章的原因，在经过系统化地学习存钱方法后，实现梦想已不再不切实际。

来吧，让我们继续完成最后一章，出发去实现自己的梦想。在正式进入主题之前，我们先来看文凯的故事。

100 万元的起点

如果给你 100 万元理财，你觉得如何？我想多数人都很乐意接受这样的安排，这就是文凯的故事起点，只是金额不太一样，他是从负债 100 万元开始的。

文凯从学校毕业后即进入职场，虽然背负着助学贷款，但他薪水很高，所以过着很享受的生活，没有管控自己在吃、穿方面的花费。因为有工作收入，家人有需要时他会主动提供资金。若自己身上的钱不够花就刷信用卡，当期信用卡的费用付不出来就缴最低金额，若还是不够用就办个人信贷。可想而知，他的财务状况一直恶化，但因为每月都有薪资收入，生活照常过，于是对糟糕的财务状况选择视而不见。

然而，这样的花钱方式，如同地基不断被掏空的房子，终有垮掉的一天。

随着债务不断增加，支付的利息越来越多，逼得文凯不得不面对自己的财务状况。结算后才发现，原来他已经是个欠下 100 万元债务的人。

怎么办？在那当下，他也不知道该怎么办。所有的负面情绪、不好的想法全挤进他的脑中。讽刺的是，他却在此时想起他年轻时的梦想——拥有一个无忧无虑的幸福家庭。没想到，现在的他连照顾好自己的未来都没办到。

虽然伤心，但因为心中再次燃起这个梦想，他开始有了力量。

正视危机后，虽然还是要面对过去造成的财务压力，但梦想的力量却也给了他另一个出口。他下了这辈子最重要的决定：他要改变，且开始选择过跟以往完全不同的生活。他主动去找银行协商债务，仔细检查自己的财务状况，把所有生活费的款项全部记录下来，戒掉之前乱花钱的习惯，注销信用卡，接着搬到房租更便宜的地方，吃最简单的三餐，手机、数码产品都只用最便宜的，水、电、煤气能省则省，降低娱乐次数，并且到处兼职增加收入。

第一个月过去，他过得简直生不如死！但他还是咬牙撑了过去，因为他的想法很坚定：为了追回梦想，他必须改变财务状况。他知道开始得太晚，但只要拼尽全力，未来就还有希望。

就这样，他过着省钱、兼职、还债的生活，虽然偶尔放纵，但隔天就继续节俭度日。10 年之后，他终于把钱全部还清，而且还存到足够的紧急预备金，更棒的是他结了婚有了小孩，实现了自己当初渴望的梦想。

是什么支撑着你往前

如果一个人能从负债 100 万元逆转到实现梦想，我相信你一定也可以，关键是你要先找到心中的梦想。这也是为何我在跟人谈论理财时，除了金钱管理的技巧外，也会主动邀请对方练习设定梦想，因为那才是让人找到更多动力的方法。

有趣的是，每当谈到梦想时，说话的人眼里总是会露出光芒，整个人都变得有活力！

有人的梦想是拥有一家餐饮小店，因为对做菜情有独钟，所以看到有人喜欢吃自己亲手做的菜，就觉得人生很幸福；有人的梦想是开一家有品位的咖啡厅，因为喜欢听不同的人生故事，所以有机会认识不同的人就很高兴；有的人热爱旅游，对于异国文化总是抱着最大的好奇心，所以希望年年有足够的旅游基金；有的人只是想要单纯过无忧无虑的生活，在平时能阅读喜欢的书，旁边放杯热茶，享受自由的时光。

你呢？你的梦想是什么？有什么梦想是你一直以来想要

实现的？是否每次提到跟那些梦想有关的事就特别兴奋？是什么原因让你产生想要存钱的动力？是什么力量在拉着你往前进？**不论你的人生走到哪个阶段，我相信都有个梦想在等你**。就算刚开始觉得这些问题很难回答，但相信我，那些答案早就藏在你身上，只要用心，就一定能找出来。

人生只有一次，存钱圆梦更幸福

如果能够尽早为梦想开始设定存钱计划，你将会获得更多的快乐。

就在写这篇文章前几个月，我到日本大阪与京都旅行10天，其中有个行程是要入住位于大阪主要商业区的五星级饭店。对多数人来说，包括我自己，一晚要价500美元的高级套房并不便宜，毕竟如果把这些钱当作其他旅费，估计至少可以再玩三四天，或是留作下一次机票钱去别的地方游玩。不过，当初我在预订酒店时，可是毫不犹豫刷卡订房，而且事前不断确认我订到的房间符合我开出的条件：位于高楼层，有独立的客厅与衣帽间，卧房有透明落地窗，白天与晚上都可以躺在舒服的大床上，俯瞰整个市区。

“太享受了”“还真敢花”“钱赚很多哟”如果不是我自己要住，恐怕也会这样想。其实不光是酒店费用，这次共计10天的旅程，我在吃、喝、玩、乐上也准备了非常充裕的旅费，目的是希望完全沉浸在旅行的快乐中，为自己好好充电。我之所以这么敢花钱，是因为很早就开始计划这趟旅行，然后一点一滴累积圆梦旅费。

我常这么举例：就算去过无数次当地的小型乐园，也无法感受在迪士尼游玩一次的乐趣。我并非指小型乐园不好玩，而是不论硬件设施或工作人员的专业性，世界级大型游乐园所耗资的金额肯定多出数倍，游客所得到的体验也会更丰富。即使入场门票很贵，你花钱得到的满足感，也会因此“加乘”上去。

集中花钱增加更大期待感

对我来说，集中花钱短期看来虽然是控制花钱欲望，但长期而言它不是减法，也不是加法，它可是乘法！许久品尝一次炸鸡获得的满足感，会比常常吃炸鸡来得强烈；存钱出国玩一次的快乐程度，也比在本地游玩三四次来得高。

另外，在存钱的过程中，虽然牺牲掉立即性的需求，却也增加了更多的期待感。回想一下每年农历春节假期，是期待假期的来临比较快乐，还是实际放假的那一天比较快乐？我自己的经验是越接近假期，快乐度也越高，反倒是放假当天感觉却没那么强烈。这种因期待而生的快乐感，很难通过现今“想要就要、想买就买”的速食文化获得。

简单来说，若把钱集中花在能实现短、中、长期梦想上，你不仅在花钱时更快乐，在为梦想存钱的同时也会为你带来更多的期待感，你因此不会因为省钱而煎熬，不会觉得为什么活得不自在。

所以，如果你是为了梦想而存钱，不论是为了将来更棒的假期、购买心中期待已久的物品，或是为了财务自由、小孩教育基金，在实现目标前的牺牲绝对都是值得的，因为你并不是让你的人生变得更无趣，相反的，你是在为更大的幸福而努力。

别把致富当成梦想，要为梦想勇于致富

“为什么年轻时就知道要理财？”别人常常问我这个问题，其实我也曾经感到困惑。

学生时期我总认为，通过理财变有钱是自然而然的欲望，心中充满这样的念头：“想要过好日子”“就是想看钱变多”“想要住在更好的房子里”。只是，出社会后开始面对现实，收入虽然更多，但压力也开始磨砺青春飞扬的心，赚钱的动力慢慢下降，支撑我持续理财的只剩下习惯。

说实在的，我当时对追求财富曾经感到迷惘，口袋里的钱似乎感染了主人的心态，也跟着迷惘地走进别人的口袋。

直到某天我发现不能再这样过下去，因此开始积极地自我对话，探索心中真正的想法，之后我得到了“为何想追求富有”的答案，才发现理由是如此简单：

以前是把累积财富当成梦想，现在是为了梦想而累积

财富。

差别在于，当你在为存钱还是花钱而烦恼时，看到金钱与梦想的差异，会大大影响最后的决定。

因为梦想，才能把存钱当乐趣

对多数人而言，不时会遇到这个问题：想要买某样东西，但又担心花太多钱。别以为这个问题会随着人变有钱就消失，因为资产越多的人，烦恼通常也越多。

想要花钱花得安心，重点还是你做出花或不花的决定时，背后支撑的东西是什么。如果大多数时间只是“想要心情变好”，那可不行，因为通常留不住钱的人，都是因为心中只想解决短期的欲望，但短期的欲望不会有满足的一天。

取舍之间，必有牺牲，当牺牲的原因是为了明确的目标，是你渴望实现的梦想，那样的牺牲才会转成动力，否则更多的牺牲只会让人产生怨念，然后开始恶性循环，结果就是花更多的钱来填补不平衡的心。

找到梦想，让梦想协助你存钱

为梦想而追求财富的另一个原因，就是你会建立起更明确的自我奖励机制，然后快乐地存下更多钱。

行为经济学教授丹·艾瑞利就曾率领团队做过实验，要求 A 组与 B 组参与者拼出指定的乐高模型，组合完第一次给 3 美元，第二次给 2.7 美元，以此类推，拼到越后面钱越来越少，但只要愿意拼下去，就会赚到越多的钱。不同的是，A 组在拼完模型后，组好的模型会依序摆在他们面前，直到最后才全部拆解掉；B 组则是每拼完一个模型，研究人员就会在他们面前马上拆解。最终结果是，A 组参与者平均能拼出 11 个模型，而 B 组参与者只拼出 7 个。

这个实验结果值得我们思考。即使 A 组的人知道模型最后仍将被拆除，但光是亲眼看到努力的成果在眼前累积，就足以让他们的动力比 B 组高，也因此赚到更多的钱。

我们都知道，鼓励会让人产生正面的动力，就像被称赞的小孩总会主动想再表现一次，期许得到更多成就感。同样，当你达成目标、尝到实现梦想的滋味时，也会有更大动力继续存钱实现更多的梦想。如果你希望这辈子能够在财务上取得成功，千万不要忽略设定梦想并激励自己的机制。

假如你觉得要找到支撑你的梦想很难，可以试试一个做法，从明天开始，睡醒一睁开眼睛就问自己这个问题："我存钱的目的是为了什么？"每天试着回答一次，有必要就把它写下来，一段时间后，相信你会发现不一样的自己。

过自己想要的生活

你听过自己的声音吗？当然，我们每天都会开口跟别人讲话，一定听过自己的声音，但我这里想问的是，你心底深处真正的声音。

对于思考未来想要的人生，我喜欢这样问别人："在完全不考虑金钱的条件下，你想要过什么样的生活？"问完后得到的回答大多是：

"啊？怎么可能不考虑金钱。"

"如果有一天真的不用考虑钱就好了，只是我看很难。"

因此，我会再接着强调："就当作是个游戏，试着想想看，假设有天早上醒来，你从此再也不用担心生活费，再也不用为金钱烦恼，再也不会焦虑工作做不完，你会怎么安排那一天的生活？接下来的日子想要实现什么梦想？你觉得生活在没有财务压力的状态下，人生会变成什么样子？”

然而，就算我再多问一次，许多人脸上依旧挂着沉思，迟迟说不出答案。其实会有这种反应并不意外，因为很多人，或许包括现在的你，可能从没想过“不需为金钱烦恼”的问题。

走在存钱的路上，我常常会用这句话提醒自己：**“如果赚钱的目的只是为了活下去，这辈子就只能为了活下去而拼命赚钱**。”人的心态很有趣，会帮自己的潜力设定没有根据的上限，除非碰到足以威胁家人或自我生命的危机，否则通常会低估自己的能力。遗憾的是，最终结果也几乎会跟估计的差不多。

这就是为何拥有梦想很重要，你需要持续提醒自己梦想的存在，它才有实现的一天。你必须知道努力的方向在哪里，才有往前的动力。虽然不是每个梦想最终都能实现，但至少在你迈向梦想的同时，你的人生也因此越来越接近想要的样子，自己也会因成长而变得更好。

随波逐流总是让人感到舒服，因为周围没有阻碍。但载浮载沉的日子也代表没有坚固的东西可以抓牢，让你借力再往前进，最后只好过着没有掌控权的漂流生活。

想想看，古代战争片中的弓箭部队，当两军对阵且收到命令准备攻击时，弓箭手是不是都高举手中的弓，准备将箭射往斜前方的天空？我想此时不会有将领跳出来说：“错了！错了！敌人是在正前方，箭要往前方射呀！”原因就是射出的箭在飞行时，会因为地心引力而往下坠落，所以要先往高处射，之后才能命中远方的目标。

我们的人生也是如此，如果你每天都汲汲营营地过生活，没时间听自己的声音，不关心自己的梦想，那么你很难持续走下去，会觉得走起路来脚步特别沉重。如同地心引力把箭往下拉，生活中的琐事也会不断把人往下拉，所以工作久了会觉得迷茫，生活累了会感到无助，渐渐忘掉每天拼命工作赚钱的目的。

没错，专心努力赚钱是应该的，但你也不能忘记为了什么在努力，应随时把你的弓箭向更高更远的地方发射，让你的人生过得比预期的还要好。

我希望你找个时间，或者干脆就趁现在，拿一张纸把自己的梦想写下来。试想，如果自己的财富比现在多出 2 倍，会想去做什么事？多 10 倍的话，又想完成哪些事？不要只想着有钱后就可以离职，搞不好在没有经济压力的情况下，你会从现在这份工作中得到新的乐趣。

趁着现在还有感觉，赶紧把梦想写下来，就算只有一两个也好；也许在读完这句话时就有几个闪过你的脑海，别轻易让它们溜走。如果你一时想不起来，这里有几个问题能引导你思考：

◎ 在不用担心生活费的情况下，如果现在突然多了5万元，除了投资，你打算怎么用这笔钱？
◎ 换成是多20万元的话，又会想做什么？
◎ 你计划去国外度假，最想先去的国家是哪个？先不考虑能否顺利请假，如果一次去玩30天的话，那会是一趟什么样的旅行？
◎ 你走在街上，路过一家商店，橱窗内的展示品正是你多年来想要拥有的东西，那会是个什么样的物品？
◎ 电视新闻正报道一件需要人捐款协助的事件，因为你已经有足够的金钱照顾自己与家人，所以你可以立即小额捐款，你觉得随时有能力帮助他人的感受如何？

有些问题光看或许觉得不可思议，似乎与现实不符，但别忘记了，你要列的是好几年后的梦想，并不是在一两年内就要完成的事。曾经有专家指出，人们通常会高估自己 1 年后能完成的事情，却又低估自己花 10 年才能完成的事。所以，别被“不可能”堵住思维，大脑经常会阻止我们思考目前能力所不及的事，那只是人类进化的保护机制，如果用在设定梦想上面，这个保护机制将会变成障碍，毕竟我们连计划都还没有开始，大胆想有何不可?

就算看起来真的很难，但你回想一下，过往是否也曾有某件事让你觉得不太可能达成，但你后来却完成了？经验法则告诉我们，当我们关注一件事情够久，自然会觉得这个事情做起来比较容易。

不过就如同盖房子，当理想中的房子想象出来后，接下来就要设计蓝图，开始计划如何采取行动。这也是在拥有梦想之后重要的事情：决定你要跨出的第一步。

梦想的开始，只需要一小步

尼亚加拉瀑布公路铁路两用桥建成于1855年，在近代桥梁史上享有盛誉。虽然以现今的建筑技术，要盖一座铁路吊桥不是难事，但在当时，修建横跨大型河道的桥梁的建筑技术很不成熟，是否能让火车在上面安全行驶就连造桥单位都没有把握。然而，一位出生于宾夕法尼亚州农场的年轻人却看到了其他人所没有看到的前景。

虽然反对的声浪层出不穷，年轻的造桥工程师却没有因此放弃。他埋头思考各种让火车行驶于巨大峡谷间的方法，并着手设计一种特别的铁轨排列方式，可以让火车安全地行驶在下方没有硬物支撑的轨道上。问题是，他面临一个技术上的阻碍，他需要一种方法能够在空中建造他设计的轨道桥，首先要克服的就是，如何将铁轨连接在两侧峡谷之间，而那时完全没有相关的技术与经验可以参考。

因此，他开始试验各种方法：用炮弹将造桥所需要的绳子射到对岸，结果失败了；用蒸汽船将绳子从河面上拖过去，也失败了；他甚至连火箭都拿来试过，一样都失败了。这些方法最终都无法达到他的要求，旁人也认为他只是在浪费时间与公司资源。

轨道的建造只差这一条绳子就好，却一直找不到方法。

好在，一连串的失败并没有让他放弃，他继续研究新的方法，继续尝试新的可能。某天他想到一个绝妙点子，在那个飞机还没被莱特兄弟发明的年代，他大胆想着是否有什么方法可以让绳子在空中持续飞行，足以飞过长长的河道。

他主动去赞助一场风筝比赛，出 5 美元奖赏给任何可以将一条细绳拉过大河道，并且稳固横跨在峡谷两岸的参赛者。起初大部分参赛者都只是站在某一侧的岸上，尝试操控绑着细绳的风筝飞到对岸，但没人成功。唯独一位 16 岁的年轻人想到用乘坐渡船的方式，在船上边拉着风筝，边将细绳慢慢牵引到对岸去，最后成功将绳子绑在峡谷两端的树上。

就从这一条细绳开始，工程师开始在细绳上绑上更多的细绳，一条接着一条，细绳绑成粗绳，粗绳卷成缆绳，接着捆成足以承载沉重工具的运输绳，然后再搭起一座可以让工人行走在上面的天桥，最终完成了这座伟大的工程。其过程之新奇让许多人都特地前往见证这项工程奇迹，一切的一切，都是从一条风筝上的细绳开始。

对于梦想，我们常习惯把它想得很遥远，就如同当时的人要盖那座吊桥一样，因为经验有限，所以觉得不可能。然而，**再大的梦想，都要先跨出第一步，之后才会看到实现的可能。而跨出第一步其实没有想象中那么难，但开启的效益往往超乎想象**。

就是一小步，你会发现当你准备走向梦想的路时，很多时候最需要的就是跨出那一小步，而这一小步将会引领出更多的下一小步，慢慢的，梦想就会变得越来越真实，阶段性的成果也会比预期还好，就像是从一条轻的细绳，经过各种捆绑最后变成缆绳。

没有人会反对自己在财务管理上取得更大的成功，但少有人会为自己付出行动。梦想之所以珍贵，就在于它不是唾手可得的，而是需要你有计划、有耐心地一步步持续向它靠近。

要持续做一件事不容易，要放弃一件事却很简单。这就是为何许多人会觉得生活无趣的原因，当每天只能期待下班与周末休假的日子，上班赚钱就变成是一种痛苦，花钱买东西则变成是减轻痛苦的药。

成功者并不是天生就拥有无穷的行动力，成就更不会从天上掉下来，关键在于前方是否有目标支撑着你前进，你是否愿意持续跨出下一步。

就从一件事开始

想想看，子弹、钥匙、戒指，它们之间有什么共通点？都是小小一个，却能把眼前的事彻底改变。生活与工作也是如此，一件小事有时就能左右事情的发展。它可以是一个计划、一个习惯、一种做事的态度、一个坚持下去的决心。这些虽然只是当下的一小步，却都足以影响事情的全貌，影响一个人的一生。

我们都活在忙碌的日子里，所以更不要忘了提醒自己去做对的事。不用急着想一下子将所有事情都做好，人生中的每件事不可能都同样重要，所以要学习把最重要的摆在眼前，把时间与努力，用在最值得的地方。

别再羡慕他人实现梦想的好运，而是开始把自己的梦想也写下来，接着就只剩专心走好每一步。当你开始全心全意朝梦想前进，你一定会发现周围有很多资源可以帮助你，也会发现为梦想而存钱比想象中还快乐。开始写下自己的梦想，采取行动，跨出关键的一小步，未来的你也会成为别人眼中拥有好运的那个人。

设定梦想，找回存钱驱动力

早期我对梦想也是懵懵懂懂，执行梦想的行动力有时在设定完几个月后就开始减退。直到有天体悟出一个心得，梦想给我的前进动力才开始持续增强。

一个好的梦想，必须能够感动自己，必须会让自己有所期待。

如果一个梦想无法真正让你心动，等到事情一忙起来就会把它放在一旁，因为缺少足够的吸引力，也就没办法拉着你向前走。

令人感动的梦想，会让人从心底深处找到驱动自己的力量，就算日后忙于现实生活而淡忘，也会在重新回想时找到当时的渴望。令人感动的梦想，会让你在面对日常生活琐事，或是做足以影响到梦想的财务决策时，愿意选择听取心中真正的声音。令人感动的梦想，会在你对人生感到迷惘时，指引给你该走的方向。

或许，你在出发前会觉得实现梦想是件困难的事，甚至先设想可能遭遇的阻碍然后退却。但反过来说，正是因为实践的路上充满挑战，需要你花时间去存到足够的钱，需要你不断在存与花之间取舍，所以能实现梦想才会如此珍贵，过程也才会令人期待。

这也是为何你要迈出这重要的一步：**把梦想落实于存钱计划**。当你把梦想写下来后，并且设定出能够实现梦想的计划，你的心中才会产生确定感，愿意去克服遇到的困难，支撑自己往前走。

运用存钱计划，加快实现梦想

将梦想落实于存钱计划中，好处是能将未来要做的事“拉到”眼前提醒自己。心理学家研究过，人不容易重视未来的原因，是习惯用直线的方式看待时间，对于未来抱着还有十几二十年的想法，感觉离现在还很遥远，当下不觉得需要着急。如果懂得把时间“折”一下，将时间看成周期性循环，原本 20 年的时间会变成由 20 个 1 年，或是 240 个月组

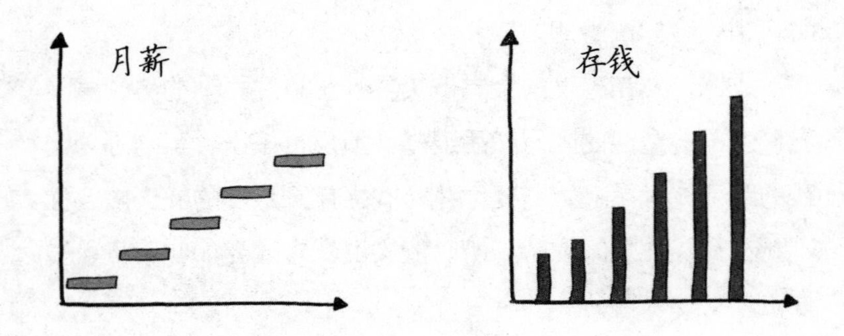

成，就会让人觉得时间过得较快，心中也会产生想要执行的动力。

积极为梦想设定存钱计划，用周期性的方式看待未来，除了会对时间有急迫感，也会让人的执行力更明确。毕竟要你一下子存 20 万元，跟每月存 2000 元然后存 100 个月，对成功的把握度会大不相同。

当人拥有目标后，就会拥有一种成功离自己并不远的美好感觉。比如很多人习惯用月薪的高低来衡量财务成就，然而月薪通常是以年为单位增加，所以平时感受到的增长幅度并不大。相对来说，通过对目标进度进行追踪，每个月都在为梦想存钱，圆梦资金持续在累积，进步的感觉就很明显。

开始为你的梦想写下计划

如果实现梦想是终点，开始存钱就是起点，之间的过程就是通往梦想的道路。而为梦想制定计划的目的，就是将这条道路清楚呈现在眼前，了解自己与梦想的财务距离。

在还没为梦想制定计划前，多数人会认为实现梦想需要的努力与资金大过现有的能力，这种因不确定产生的恐惧感就是阻碍人行动的原因。如同突然走进一个黑暗无光的房间，因为不确定周围环境，第一个反应是先停下脚步，实现梦想也是如此。因此当你把梦想计划列出来，就会提高实

现的可能性，你追求的动力也会变强，也更能克服途中的困难。

当你设定出能令自己感动的梦想后，接下来要通过计划这3件事把圆梦的道路呈现出来：

1. 要存多少：实现这个梦想需要多少资金？把它记下来。
2. 该存多久：距离实现这个梦想的时间有多久？把它记下来。
3. 分批去存：每月要存多少钱？把它写出来。

有一次我帮一位上班族制定梦想计划时，就是通过这样的流程让对方踏上了实现梦想的路。他是个喜欢旅游的人，希望有朝一日可以到欧洲自助旅行1个月。不过光是这样的想法不会产生动力，所以我要他先把梦想描述出来——想去哪些国家？到每个国家后想做什么事？有哪些景点是非去不可的？我们还一起上网搜寻欧洲的照片，想办法触发更多情绪。在经过一阵讨论后，他描述梦想的方式如下：

“我想到法国巴黎，坐在街道旁的咖啡馆，悠闲地看着人来人往的街道景象，虽然不知道路边的空气会不会很脏，但以前看电影时就很向往那样的生活；我想去参观德国科隆大教堂，每次在网络上看到哥特式教堂的照片都很喜欢；然后我要到芬兰的乡村民宿住几天，去享受大片草原的空旷感，或是享受牧场生活，以及住一住被树林环绕的木屋；还有，我一定要去看极光，抬头看着一整片的星空与极光，是我从小就期盼的事，我还曾经梦见看到极光，醒来时都感动到快哭了！”

描述完梦想后，我让他写下那3件事：

1. 要存多少：虽然还不确定，但目前评估先存6万元。
2. 要存多久：希望能在5年之后实现，也就是60个月。
3. 分批去存：下个月开始，每月为这个梦想存下1000元。

“说真的，我突然有了很大的动力！”做完梦想计划后，对于圆梦的确定感给他很大的动力。令他讶异的是，当开始记录后，发现设定梦想并没有想象中难，他也承认之前或多或少也知道要开始规划，只是从来没有像这次这么积极。

行动之前，别说不可能

只需要把会触动内心的梦想描述出来，然后记下通往梦想道路的 3 件事，如此就完成一个梦想计划。一般来说，你的心中不会只有一个梦想，所以就照同样方式继续写下一个。不过记住，当你在计划圆梦的旅程时，千万不要因为金额太高就不写，或是觉得现在能存的钱太少而放弃某个梦想。设定梦想的重点在于，先专注在想要实现的梦想上，找到能让自己感动的梦想。如果你连写下梦想的力气都没有，就不可能有实现梦想的勇气。

在理财生涯中，我常用这句话提醒自己：

存钱并非只为了买到更好的物品，而是让自己与家人拥有更美好的未来。

可不是嘛！在迈向富有的道路上，累积财富后如果只能满足物质欲望的需求，最终只会让自己陷入对金钱的认知误区中。千万不要平时为了工作付出所有心力，却忘记努力规划未来，结果只能后悔莫及。

给自己一个理由，让自己知道是为什么而存钱，累积存款是想要达成什么目标。这并非要你陷入赚钱、存钱又花掉的怪圈中，而是在平日努力工作，再通过存钱目标与圆梦计划来提升自己与家人的生活品质，从有限收入中获得更多的满足感，让心中的梦想可以逐步实现。

当你把心中的梦想与做法都设定好，接下来还要再做一件事，这件事的重要性不亚于找到让自己心动的梦想。很多人未能实现需要财务支持的梦想，就是缺少这关键的一步。

实现梦想的关键：从最想要的那个开始

到底要有多少钱，才会觉得足够？答案可能是：“永远都不够。”

虽然答案让人发笑，但有时还真无法反驳。钱不够改善财务现况，钱不够过想要的生活，钱不够买新的东西，钱不够去想去的国家。然而仔细想，真正不够的原因是什么？我希望你也意识到，关键不是钱不够，而是手上现有的钱，不能满足心中所有的欲望。

有欲望并非坏事，如果管理得好，欲望可以驱动人持续成长：为人父母都会希望小孩过得好；年轻人刚踏入社会就想闯出一片天；工作中求表现是想获得升迁；想找到跟兴趣相符的工作；想要去世界各地旅游；想要吃遍各地美食；想要成立一家公司；想要一栋理想的房子。

然而，最终能否成功的关键是：你要从最想实现的梦想开始。

排出梦想的优先顺序

想象你眼前摆着许多空杯子，大小都不同，而你的目标是装满那些杯子，每装满一杯就可以喝光它。用什么装进去呢？不是水，而是从你的收入中存下来的钱。每装满一个杯子也就表示你实现一件心中想要的梦想。因此越大的杯子，就需要越多的钱才能装满。

你每个月都有机会把收入放进杯子里。问题是，从哪个杯子开始呢？如果你不确定该把收入先放进哪一个杯子，多数人的做法就是这边放一点、那边放一些。然而，这样似乎要很久的时间才能装满其中一个杯子。更麻烦的是，如同我观察到的现象，很多人会不时在旁边增加空杯子，然后分散掉自己有限的收入。

实现梦想的关键就在这儿了，如果你想要喝到水，随机分配收入进杯子里的方法只会拖延你实现梦想的时间。你必须排出先后顺序，然后从最想要实现的那个梦想开始，集中把收入存到前几个渴望的梦想上。

小时候我对一件事非常好奇，就是电视上那些原地转圈的舞蹈者为何不会头晕？长大后才知道，原来要诀是旋转时眼睛要盯住某一点，身体先转然后头再快速转回同个位置，这样就会减缓大脑对人在旋转的意识，否则任凭视觉跟着不断平移，眼睛看到的画面就会一直变化，等身体停下来时就会站不稳。

说起来，这个道理跟实现梦想一样，如果你没有先盯住远方的目标，很可能因为生活忙得晕头转向，渐渐失去实现梦想的动力。排出梦想的顺序，才能专心盯住最想实现的那一个。

存的不是钱，而是梦想

以往在设定梦想时，我都要求大家尽可能把想要做的事写下来。为了激发出真正渴望的梦想，会先强调不要去管实现的难易度与钱够不够，就是尽可能把想做的事找出来。当大家都把梦想列出来后，确实会察觉到现有的收入并不足以分配给每一个梦想，这时排出实现梦想的顺序就很重要。

在你的梦想清单中，也许有很多个梦想吸引你想去实现，但你一定要问问自己："如果只能实现一个梦想，最想要实现的是什么？"这个问题或许会困扰你好几天，但总比花一辈子都没能实现来得好。虽然说拖延是人常见的习性，但只是不想打扫房间、不想出门缴账单或读不完一本书，那都还好，如果拖延的是人生计划，绝对划不来。**记住，千万不要花一辈子的时间，去决定你现在就能做的事**。

存钱，就是在存梦想。当你将钱一点一滴存起来，梦想就会离你越来越近。也因为每次努力从收入中存下来的钱都极为珍贵，所以更应该优先实现最重要与最渴望的梦想。

就从今天开始，为你的梦想设定计划，将你的梦想排出顺序，专心去实现前几个想要的，达成后再实现下一个，然后再下一个，你的生活不仅会更充实，未来也会充满更多幸福与快乐。

梦想从没被偷走，被偷走的是你的心

“不要让别人偷走你的梦想。”多年前刚听到这句话时就触动了我的内心，心想多数人年少时的梦想都会在后来被现实淹没，出了学校、进了社会成了群居动物，跟其他人谈论梦想时也会互相告诫现实的重要，久而久之，心中的梦想就渐渐萎缩。然而，多年后我再从别处看到这句话，心中的感受已变得不同。

每个人都有梦想，这是人的天性，毋庸置疑。但能不能实现，与运气、心态、环境、梦想大小，都有关系。至于愿不愿意去实现，说真的，要看自己。

梦想真的会被偷走吗

梦想其实没有被偷走，也从来都不会。你可以做个测验，现在就拿起小纸条写下一个你想要实现的愿望或梦想，不管完成它的时间是短期或长期都行。写完后再继续往下读。

写好了吗？没写也没关系，我想谈的是当你想到这些愿望或梦想时，你有没有感觉到心跳加速？或是心中感到一丝丝的兴奋、悸动，甚至是后悔？如果有，代表这个梦想还一直存在于你的身体里，纵使曾经有人跟你说这个愿望不切实际，或是风险太大，让你当初想行动却犹豫不决或打退堂鼓，都不代表这个梦想被人偷走，你现在还有情绪上的反应就可以证明。如果真的没有任何感觉，也只是代表这个梦想过了有效期限，它不再是你的梦想罢了。

对自己而言，当别人朝你的梦想泼冷水，导致你无力去行动也只是出于情绪上的反应。否则如果有人叫我们伸手去摸滚烫的水壶，我们会去摸吗？当然不会，这是逻辑上的简易判断，不需要情绪也可以做出决策，当然就不会伸手去摸。除非，有人提出你无法拒绝的条件，给予的诱惑力超过逻辑上的判断力。好比给你一大笔钱，或是用你非常在乎的事胁迫你，逻辑上不能做的事你才肯去做。但梦想不一样，在当下它只存在于想象的世界里，看不见、摸不着、能否实现不知道，除非经过规划，不然它只能是情绪上的一个产物——想要、希望要、后悔没去努力实现，这些都是情绪。

而情绪就像磁铁，人很容易被吸着走。

所以，别人并没有偷走你的梦想，他们只是影响了你，让你对梦想产生另一种情绪。这种情绪很神奇：当它是小情绪时会电得人麻麻的；当它成长变大后，经常会直接把人吞噬掉。

它的名字叫“恐惧”。

说到恐惧，我想起一段有趣的人生体验。多年前为了寻回自己的童年回忆，我来到了游乐园，坐上一台叫“跳楼机”的游乐设施。在跳楼机上面，你会跟许多人坐在一起，手脚会被看起来很稳固的防护器具压着，然后机器就会把你载到感觉有几十层楼高的地方，往下看，地上的人小得像蚂蚁一样，此时你会开始幻想一切不好的事：机器会不会出故障？护具会不会松开？椅子够稳固吗？心跳开始加快，旁边的人开始大叫，然后恐怖的游戏随即开始。游乐设施会以极快的速度像自由落体般回到地面，过程中还给你上上下下来回折磨，此时如果拿出手机自拍，每个人的表情一定都很惊恐。这种惊恐的感觉在我第一次排队时还没有出现，准备玩第二次时却放大了10倍，很想装没事从排队的人群中离开。

为什么第二次会更恐怖？因为第一次时我脑袋中对这个自找麻烦的游戏还没有任何经验，我不知道被载到那么高的地方会让人脚软，我不知道脚悬空吊在上面会有那么恐怖，我不知道像电梯缆绳断掉般快速掉落到地面的感觉，会让人心脏收缩到快消失，我也不知道机器升到最顶端时，心里会产生“我不想玩了”的感觉，我生怕我正在演出电影《死神来了》的真人实境秀，然后是第一个被“死神”索命的那个。玩第一次的时候因为未知所以我无惧，第二次因为被吓过而感到超级惶恐。也因为恐惧，我觉得坐第二次时会比第一次恐怖。

恐惧就是这样，当它不在时，你敢做很多事。当它在你心里开始发酵后，你就开始退缩了，即使你可能连试都还没试过。

所以小时候我们才会那么敢“做梦”，因为我们不知道无法实现的后果，自然就对恐惧无感。但长大后就不同，太多的现实让我们只好“现实”，太多的未知让我们只有无知，而无知就会产生恐惧，恐惧就会把梦想压缩到仿佛已经消失了。

不过恐惧虽然吓人，但它并非无敌。

对于未知的事，不论是财务上或是其他想做的事，只要我们去了解、去学习，恐惧感就会慢慢变少，然后就有机会驾驭它。不是前方问题太困难，只是我们现在的能力还没办法解决它，等到我们自己变得够强大，问题就自然会变小。

至于有些梦想并非因自己能力不足而无法实现，例如家人反对，或是跟朋友决裂、影响到你的人际关系，这样的情况我只能说，如果那真的是你的梦想，就要有耐心等到它成真的时候，并且先做准备。其实，就怕梦想成真的机会来临时，你反而失去了实现它的那颗心，被太多的枷锁牵绊住，让太多的外在影响阻拦你走出舒适圈。如果真是这样，我想也不用太难过，很多时候用一句话“这就是人生”会让自己好过一些，但切记不要误会你的梦想被偷了，因为那不公平，真正被偷走的不是梦想，是你的心——当初你那颗无惧的心。

从存钱开始，朝梦想前进

安娜是个独生女，父亲在她 2 岁时就去世了。她的母亲是洗衣工人，虽然家里贫穷，但母亲仍尽力想给她一个美好的成长环境。

安娜很早就对舞蹈产生兴趣，这起因于妈妈第一次带她去看《睡美人》芭蕾舞剧，从那天开始，她就梦想自己有天也能穿上芭蕾舞鞋，站在舞台上快乐地跳舞。然而，或许是从小生活物资匮乏，她的身体并不如其他小孩般健康，也因此当其他小孩都顺利进入舞蹈学校练舞时，她却因体弱多病而多次被拒绝入学。

但是安娜早已打定主意，所以当她得到机会进入舞蹈学校上课后，便拼命地练习老师教给她的舞步。只不过天生的缺陷还是给安娜带来考验：严重的弓形足、太细的脚踝，还有比例偏长的四肢，与当时的主流芭蕾舞者体型一点也不相同。

不过这些困难都无法阻止安娜想要站上舞台的决心。她比别人更努力地练习舞蹈，用大量的练习来向老师证明她想成为好舞者的愿望。也因为辛苦付出，最终她以优异的成绩从舞蹈学校毕业，并顺利进入职业芭蕾舞团，开启了她的芭蕾舞传奇：在舞蹈生涯中，她在超过 4000 座城市表演过；为了表彰她的成就，俄罗斯中央银行还曾发行印有她图像的纪念币，甚至连甜点都以她的名字命名。

这位史上著名的芭蕾舞巨星——安娜·巴甫洛娃不断用行动与决心证明：就算没有天生的好条件，最后也可以成为别人眼中的天才。她曾经如此形容自己获得成功的方法："朝着一个目标不断前进，这就是成功的秘诀。"

坚持下去，继续向前

观察那些在不同领域中的成功人士，会发现他们身上都有一个相同的特质：他们心中都有一个梦想。这个梦想会让他们专心地将有限的金钱、时间都投入在实现梦想上。他们通常比别人早开始，然后一直盯着阶段性目标往前走，即使过程中失败了也不会停下，就算要花的时间超过 10 年、20 年也不放弃。他们就是一直往前走，不断地把更多的时间与金钱投入到想要实现的梦想中，只要确定梦想是他们想要的，确定往前的方向是正确的，随着一个又一个阶段性目标逐渐达成，他们最终会过上令人称羡的生活。

虽然有些人会在看到他们成功时，以“幸运儿”来称呼他们，但实际上只要是自己努力奋斗过的人，都能理解绝对不能忽略背后付出的努力。

存钱比的不是财力，而是毅力

虽然从表面看，一个人的存钱成果似乎会被当下的财力所左右，但千万不要因此就选择不存钱。因为所有的大钱，都是从小钱开始的；所有的财富，都要通过时间去累积。

存钱比的不是财力，而是看你有多大毅力。大部分人一生中在财务方面都会面对些许困难，而且新的问题总会出现，诱人的新产品也会不断上市，它们挑战的不仅是你的口袋，还有你坚守梦想的心。

要知道，改变虽然在你下定决心后就已经开始，但要产生好的结果，还是需要付出耐心。因此，想让未来的财务状况变得更好，就要从现在开始持续存下更多的钱，积极理财，千万不要因为进度缓慢而放弃。

当滴水还没穿石，它需要的是时间；当细沙尚未成塔，它需要的是时间；当小钱仍未积成大钱，它需要的是时间；当收入还没变成财富，它需要的是时间；当梦想尚未化成现实，它需要的是时间。**当你确定自己的方向是对的，接下来就要给“时间”一点时间**。

别因为短暂的花钱欲望，就牺牲掉实现梦想的机会；也别因为存钱速度太慢而放弃；更别因为恐惧而不去实现梦想。要专注在能实现梦想的方向，通过存钱让自己的人生变得更好，用每一步的脚印去证明你的决心。**记住，永远不要看轻梦想的力量，永远不要看轻梦想能带你走的路，永远要相信自己，因为存钱与梦想，可以成就美好的未来**。

做个有梦想的人，做个努力存钱的人

嗨，朋友！

虽然我们不一定认识，但在存钱实现梦想这条路上，请让我先用朋友称呼你。

来到本书的结尾，我想你已经知道书中内容并非让人快速致富，而是希望你也能一步接着一步，稳稳地朝着想要的人生目标前进。我们用一本书谈论了很多存钱的心态与方法，也谈到系统化存钱的好处，更确定了实现梦想该做的事，不过这都不表示在你合上书本后，一切就结束。

对你来说，我希望这是一个新的开始。不论你之前的财务状况如何，不论你现在处在什么人生阶段，不论你心中有什么未实现的梦想，都可以因为接下来付出的行动，预约到更好的生活、更理想的未来，还有遇见更好的自己。

何其有幸，我在网络上发表的文章得到大家的共鸣，所以我认识了很多读者朋友。很多人都跟我分享他们因为存钱而改变的故事，以及如何找到继续往前走的动力。很多人都告诉我，现在的他跟之前有多大的不同，有多大的成长的收获。

听到这些话，我很感动，因为我自己就是通过存钱而拥有现在的美好人生。如今，知道那么多人也通过存钱朝着梦想前进并得到快乐，让我更确信为梦想努力有多值得。也因为这些分享是来自不同的人、不同的领域与不同的生活圈，所以我相信因为存钱而成长，因为梦想而改变，真的不是偶然，只要想要，你一定也可以。

存钱，一直以来都不是困难的事，但要存得多、存得久，绝对不简单。然而就像我所说，只要你照书中方法练习存钱，练习在有限收入中分配金钱去圆梦，练习用梦想将你持续拉向前方，原本看似困难的事就会变得容易许多。过程中你存下的金钱，也会渐渐从点连成线，延伸到另一端的梦想，再由线累积成面，实现更多人生的目标。

好走的路，不一定是正确的；正确的路，往往会被许多困难给掩盖住。所以，你一定要坚持继续存钱，因为你有多坚持，实现梦想的机会就有多大。

走在实现梦想的路上，偶尔会自己独自一人，但只要你持续提醒自己目标在哪里，就会找到更多资源来帮助自己。

别忘了，你并不孤单，只要你想起，随时可以再翻阅这本书，读读我留给你的话，看看其他人奋斗的故事，给自己力量再度前进。

最后，请让我送上祝福，祝福你从今天开始有崭新的人生，祝福你因为存钱而实现梦想，开启人生更多的可能。